KB065443

당일치기 조선여행

당일치기 조선여행

note & knot

네 명의 지식 가이드와 떠나는 600년 시간여행

"우리는 왜 우리의 역사를 잘 기억하지 못할까?", "백문불여일견, 여행지에서 보고 들은 지식은 왜 잊히지 않을까?"

한 번쯤 자신에게 물은 적이 있나요? 그래서 준비했습니다. 인물과 장소를 중심으로 여행하듯 이야기를 풀어내는 역사 스토리텔링 가이드북을 말이죠.

이 책에는 국내에서 처음 우리나라 역사에 대한 지식 가이드 투어를 만들어 운영한 여행사 트래블레이블이 오랜 시간 개발한 두꺼운 투어 스크립트들의 정수만 모았습니다. 서울 속 14곳의 역사적 장소를 거닐며 '경복궁 투어'의 첫 후기 글처럼 "아름답기만 하던 건축물의 배경이 역사 속 장면으로 바뀌며 영화로 변하는 순간"을 경험해보시길 바랍니다.

좋아하는 장소를 깊게 탐구하는 일

가이드 Y와 떠나는 여행

20년째 지식 가이드로 살며 프랑스와 터키, 우리나라 곳곳을 소개해온 제가 가장 사랑하는 곳은 경복궁입니다. 2017년 한국자전거나라(현 트래블레이블)를 설립하고 처음 공개한 투어 프로그램 역시 '경복궁 투어'였습니다.

하나의 투어 프로그램을 만드는 과정은 지난합니다. 2시간이 소요되는 경복궁 투어 프로그램의 경우 콘텐츠 제작에만 꼬박 6개월을 투자했습니다. 책과 자료를 샅샅이 뒤져 공부하고, 현장 답사를 병행하며 전문가의 고증을 받았습니다. 이렇게 모인 이야기를 스토리텔링으로 풀어낸 뒤, 투어에 활용할 음악과 시각 자료를 더했습니다.

'조선 최초의 궁궐' 경복궁을 여행하는 방법은 다양합니다. 역사의 주인공을 정해 그 족적을 따라갈 수도 있고, 낮과 밤, 사계절의 운치가 완연히 다른 시간을 여행할 수도 있습니다. 지척에 위치한 국립고궁박물관을 먼저 둘러보는 것도 한 방법입니다. 일 년 넘게 공들여 만든 이 책과 함께라면 그 여정은 더욱 특별해질 것입니다.

이 자리를 빌려 감사의 인사를 전합니다. 부족한 저를 항상 응원해주는 사랑하는 가족들, 유로자전거나라 시절부터 트래블레이블까지 함께해준 모든 선후배, 동료 직원들 그리고 저희를 믿고 찾아주시는 고객들, 마지막으로 이도남 교수님, 감사합니다.

가이드 Y(이용규)

조선의 보물들에 귀 기울이는 시간

가이드 K와 떠나는 여행

오래된 것에 담긴 세월의 가치를 발견하고 알리는 것이 좋아서 가이드 일을 시작했고, 어느덧 유럽과 우리나라에서 역사·문화·예술을 말하는 8년 차 지식 가이드가 되었습니다.

서울에는 시간의 흔적을 느낄 수 있는 장소가 많습니다. 빠르게 발전하는 도시의 풍경 속에 고요히 옛 기억을 간직한 곳들이 있지요. 이 책에서 창덕궁과 창경궁, 성북동과 국립중앙박물관을 맡아 글을 쓴 것도 분명 그 이유일 테지만, 그중에서도 저는 특히 국립중앙박물관에 애정을 갖고 있습니다.

국립중앙박물관이라는 거대한 보물창고 속에는 선사 시대부터 근현대에 이르기까지 다양한 시간이 공존합니다. 박물관이 소장한 유물들을 가만히 들여다보면 제각각 희로애락을 품은 사연이 말을 걸어오고, 또 언제나 저에게 감동을 줍니다. 일제 강점기, 식민의 시대에 우리나라에서 반출되었다가 여러 사람의 집념으로 되돌아온 유물이라면 그 이야기는 영화가 됩니다. 스토리텔링으로 정성스레 녹여낸 우리 역사 이야기를 따라 서울의 과거를 영화처럼 여행해보시기 바랍니다.

가이드 K(김혜정)

잠든 이야기를 깨우며 걷는 서울 길

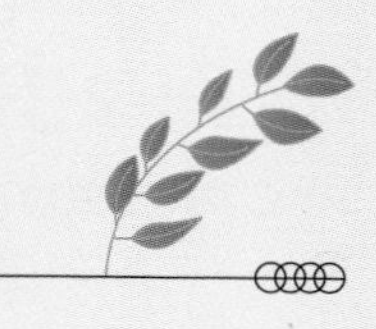

가이드 J와 떠나는 여행

“뜻이 있는 곳에 길이 있다”라는 말을 좋아합니다. ‘어떤 일을 이루고자 하면 이룰 방법을 찾을 수 있다’는 말이지만, 제게는 목적지로 향하는 길 자체를 들여다보게 만드는 문장이기도 합니다. 이 책에서 저와 함께 만나볼 장소는 국립고궁박물관, 경희궁, 종묘, 정동, 남산인데요. 이 지면을 빌려 역사적 공간의 평수를 확장할 수 있는 의미 있는 길을 소개합니다.

먼저, 경희궁에 간다면 주차장을 지나 서울역사박물관까지 걸어보세요. 주차장 옆 방공호 자리에서 생과 사를 모두 겪은 왕이 있었다는 사실, 알고 계셨나요. 조선 왕조 정통성의 산실, 종묘 여행을 마친 후엔 종묘와 창경궁을 잇는 사잇길을 걸어보길 권합니다. 1932년 일제가 도로를 개설하며 끊은 길을 90년 만에 복원했기 때문이죠. 한국 근현대사의 주무대였던 남산에선 인권의 길과 국치의 길을 걸으며 서슬 퍼렇던 역사를 기억해보세요.

이 책이 서울 곳곳에 잠든 조선의 이야기를 깨우는 알람 시계가 되면 좋겠습니다. 걸음을 이어 적은 첫 문장부터 끝 문장 사이사이, 달콤한 쉼표가 되어준 이웃과 가족에 감사합니다.

가이드 J(장보미)

절망과 열망이 혼재된 경성으로

가이드 C와 떠나는 여행

인권 단체에서 근현대사 공부와 현장 답사를 병행하다 우리 역사를 제대로 이해하고 고스란히 전하고 싶어 지식 가이드가 되었고, 어느덧 7년째 가이드로 활동하고 있습니다.

서울에는 식민지 조선의 잊힌 이야기가 가득합니다. 저는 서대문형무소역사관 투어를 수없이 진행하며 그곳에서 벌어진 통한의 역사를 전해왔습니다. 하지만 우리 민족은 불행 속에서도 늘 희망을 잃지 않았죠. 서대문형무소역사관을 둘러보았다면 도보 7분 거리의 국립대한민국임시정부기념관에 들러보세요. 1919년 3·1만세운동 이전부터 시작된 임시정부 탄생의 움직임부터 자유와 평화를 향해 치열하게 싸우던 순간들을 한눈에 담을 수 있답니다.

붐비는 서울역 광장 한편에서도 일제 강점기의 이야기와 만납니다. 옛 경성역인 문화역서울284는 일제가 자원 수탈과 무기 운송을 위해 지은 중앙역이지만, 독립운동의 거점지이기도 했습니다.

작은 골목과 기와집들이 나란히 이어진 북촌은 고즈넉한 동네입니다. 하지만 이 책에서 소개한 코스를 걷고 나면 평온한 북촌의 현재는 사실 누군가가 치열하게 지켜낸 모습이었다는 것을 알게 될 거예요.

가이드 C(최윤정)

이 책 사용법

조선에서 온 초대장을 열기 전에

'태정태세문단세…'만 끊임없이 외웠던 우리에게 어느 날, 조선에서 초대장이 도착했습니다. 1부는 조선 시대 한양으로, 2부는 식민지 조선의 경성으로 초대합니다. 두 개의 조선으로 여행을 떠나기 전, 알아두면 좋을 지식을 먼저 만나봅니다.

서울 표기

'한양漢陽'과 '경성京城'은 서울의 옛 명칭으로, 이 책에서 '한양'은 조선의 수도, '경성'은 일제 강점기의 수도를 지칭하는 용어로 사용했습니다.
조선의 수도를 일컫는 공식 명칭은 '한성부漢城府'입니다. 또한 '경성'은 삼국 시대부터 고려 시대, 조선 시대에 이르기까지 널리 쓰였으나 경술국치 이후부터 역사적, 문화적으로 일제 강점과 관련된 단어로 변했습니다. 하지만 이 책에서는 일제 강점기의 수도를 통상 경성으로 칭하는 것을 감안해 표기했습니다.

코스 소개

이 책에 수록된 14개의 여행마다 '오늘의 코스'와 '트래블레이블의 코스'가 준비되어 있습니다. 책의 이야기를 따라 오늘의 코스를 읽어나간 뒤, 실전에선 트래블레이블의 추천 코스를 따라 걸어보세요. 오늘의 코스는 품은 이야기에 방점을 찍은 코스이고, 트래블레이블의 코스는 지식 가이드들이 직접 걸어보고 개발한 투어 코스입니다.

지도 활용

이 책에는 총 16개의 지도가 수록되어 있습니다. 다만 정동과 남산의 지도에는 지금은 사라진 건물들이 등장합니다. 대한제국 시절 외국인이 모여들던 정동, 일제 강점기부터 근현대까지 다양한 레이어를 품은 남산의 모습을 상상해보시길 바랍니다.

일러두기

* 맞춤법과 띄어쓰기는 국립국어원의 용례에 따르되, 실록이나 신문, 잡지 등에서 인용한 글은 당시의 표현을 살렸습니다.
* 단행본과 조선왕조실록은 겹낫표(『』), 역대 왕의 개별 실록, 신문, 잡지, 연속 간행물, 전시 제목은 겹화살괄호(《》), 기고, 기사, 영화, 드라마, 노래, 그림, 단편 소설은 홑화살괄호(〈〉)를 사용했습니다.
* 책에 소개한 장소의 정보, 즉 운영 시간, 요금, 홈페이지 등은 2024년 10월 기준으로 작성되었기 때문에 방문 전 반드시 확인이 필요합니다.

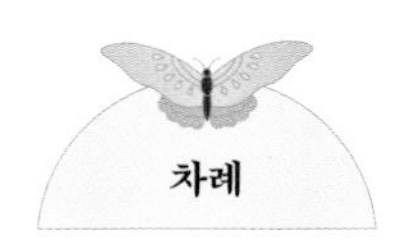

차례

2부 경성을 걷는 밤, 일제 강점기

1부

漢陽 京城

한양과 경성,

두 개의 조선을 걷는 시간

한양을
걷는 낮,
조선

한양을 걷기 전에, 조선 시대 연표

조선 시대 1392~1897

1392 조선 건국, 1대 태조 즉위

1394 한양 천도

1395 종묘 창건

경복궁 창건

〈천상열차분야지도〉 제작

1398 2대 정종 즉위

1400 3대 태종 즉위

1405 창덕궁 창건

1418 4대 세종 즉위

수강궁 창건

1434 자격루 설치

1441 측우기 설치

1443 훈민정음 창제

1446 훈민정음 반포

1450 5대 문종 즉위

1452 6대 단종 즉위

1453 계유정난

* 수양대군, 단종을 몰아내고 왕이 되다.

1455 7대 세조 즉위

1468 8대 예종 즉위

1469 9대 성종 즉위

1483 수강궁을 확장해 창경궁 창건

1485 경국대전 완성

* 조선 최고 법전의 완성

1494 10대 연산군 즉위

1506 중종반정, 11대 중종 즉위

* 연산군, 반정으로 이복동생 진성 대군에게 왕좌를 내주다.

1544 12대 인종 즉위

1545 13대 명종 즉위

1567 14대 선조 즉위

1592 임진왜란 발발, 경복궁·창덕궁·창경궁 소실

1593 임시 궁궐 정릉동 행궁 사용

* 임진왜란으로 궁이 모두 소실되자 성종의 형, 월산 대군의 후손이 살던 곳을 임시 궁궐로 사용하다.

1597 정유재란, 명량대첩

* 왜군, 다시 조선을 침략하다.

1598 노량해전

1608 15대 광해군 즉위

1610 창덕궁 중건

1611 정릉동 행궁에서 경운궁으로 개칭

1616 창경궁 중건

1617 경덕궁 창건

1623 인조반정, 16대 인조 즉위

* 서인, 광해군을 폐위시키고 능양군을 즉위시키다.

1636 병자호란

1637 삼전도의 굴욕

* 인조, 삼전도에서 청나라 황제에게 세 번 절하고 아홉 번 머리를 조아리다.

소현세자 청나라 볼모로 잡혀감

1645 소현세자 조선으로 복귀 후 의문사

1649 17대 효종 즉위

1659 18대 현종 즉위

1674 19대 숙종 즉위

1708 대동법, 전국 확대 시행

* 각 지역의 특산물을 공물로 바치는 대신 쌀·베·돈으로 납부하게 한 세금 제도

1720 20대 경종 즉위

1724 21대 영조 즉위

1725 탕평책 실시

* 당파를 떠나 인재를 고르게 등용하다.

1760 경덕궁에서 경희궁으로 개칭

1762 임오화변

* 임오년, 영조가 사도세자를 뒤주에 가두어 죽게 하다.

1776 22대 정조 즉위

규장각 설치

* 정조, 왕실 도서관이자 학술·정책 연구 기관을 창설하다.

1800 23대 순조 즉위

1830 창경궁 대화재로 소실

1834 창경궁 재건

24대 헌종 즉위

1849 25대 철종 즉위

1863 26대 고종 즉위, 흥선대원군 집권

1865 경복궁 중건 착수

한양여행 지도
02
경복궁
01
국립고궁박물관
서대문형무소역사관
05
경희궁
정동
덕수궁
문화역서울284

0
300m
성북동
04
창경궁
03
창덕궁
06
종묘
남산
국립중앙박물관

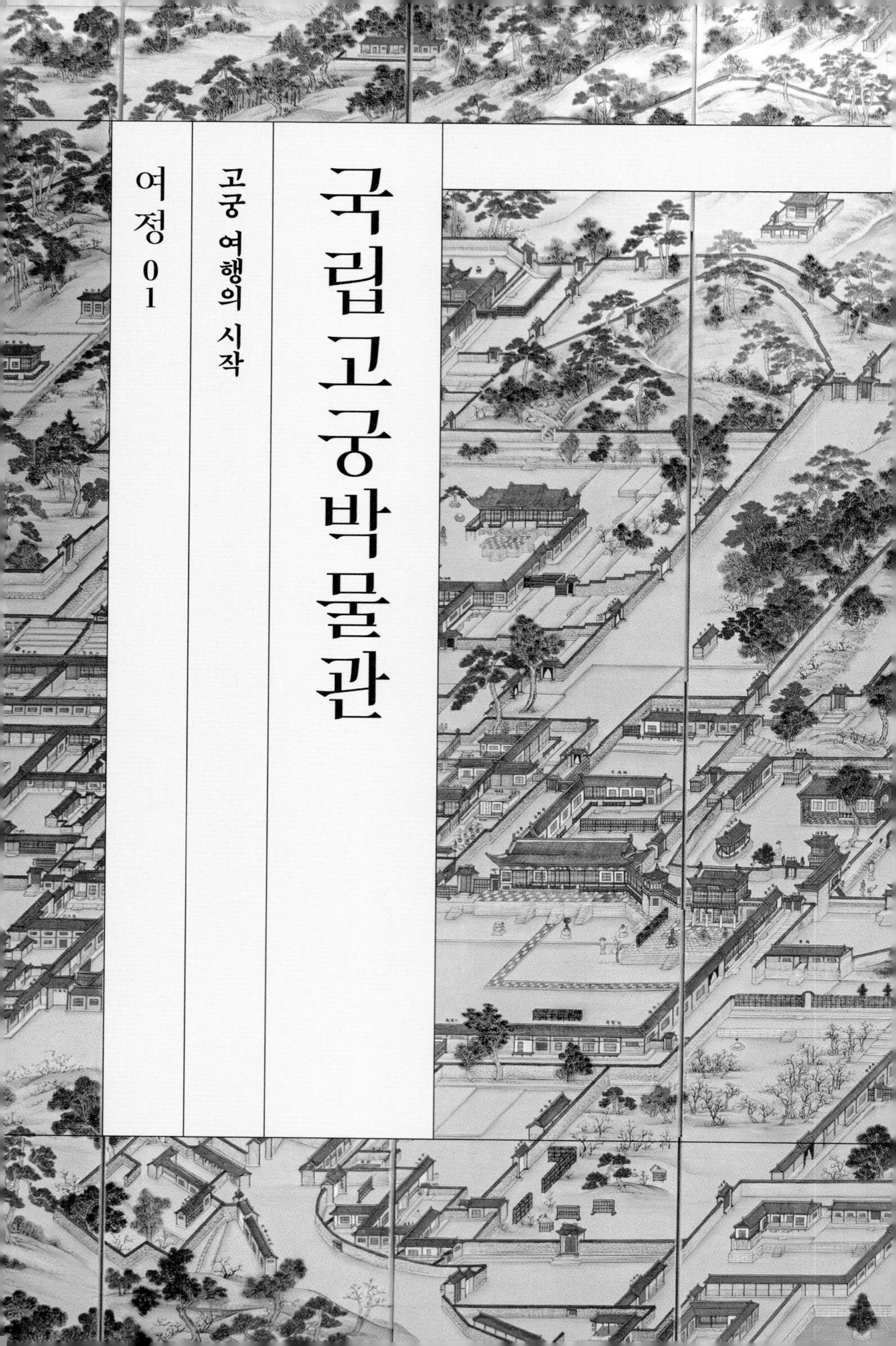

국립고궁박물관

고궁 여행의 시작

여정 01

서울시 종로구 효자로 12

한양 여행에서 가장 먼저 만나볼 장소는 국립고궁박물관입니다. 국립고궁박물관에는 조선 시대부터 대한제국까지 이어지는 왕실의 다양한 유물이 전시되어 있는데, 왕실 사람들이 사용하던 물건은 조선이라는 나라를 이해하는 데 훌륭한 단서가 됩니다.
조선을 대표하는 유물들을 다음의 키워드로 정리해보았습니다. 어좌, 구장복, 면류관, 어진, 조선왕조실록, 천상열차분야지도, 측우기, 자격루, 총 8가지 키워드를 따라가며 1392년에 열린 새로운 나라, 조선을 만나볼까요?

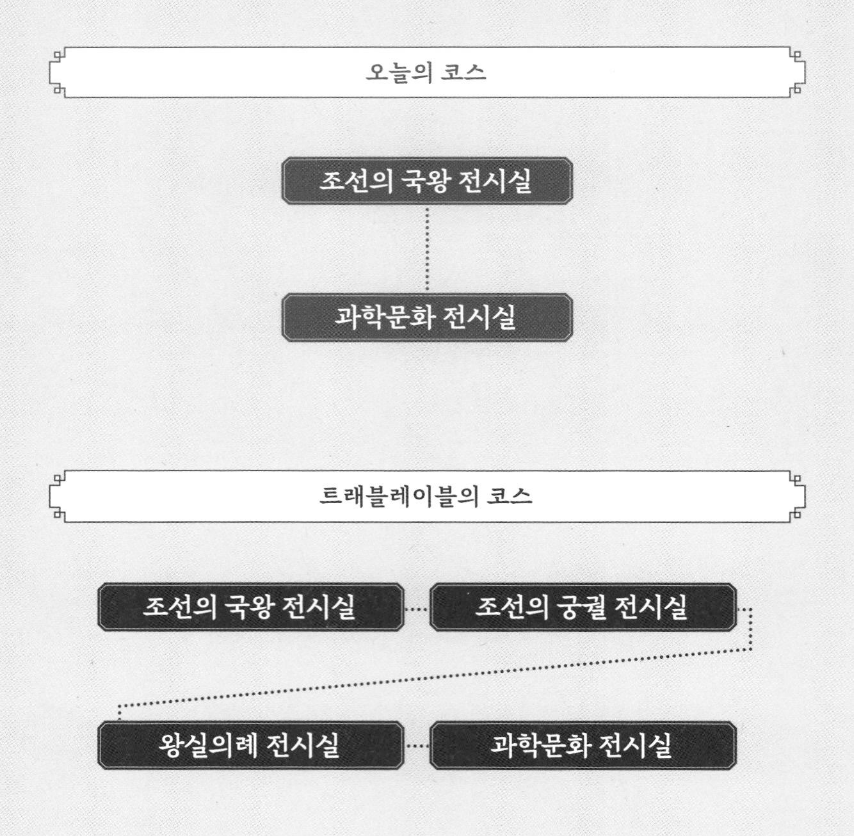

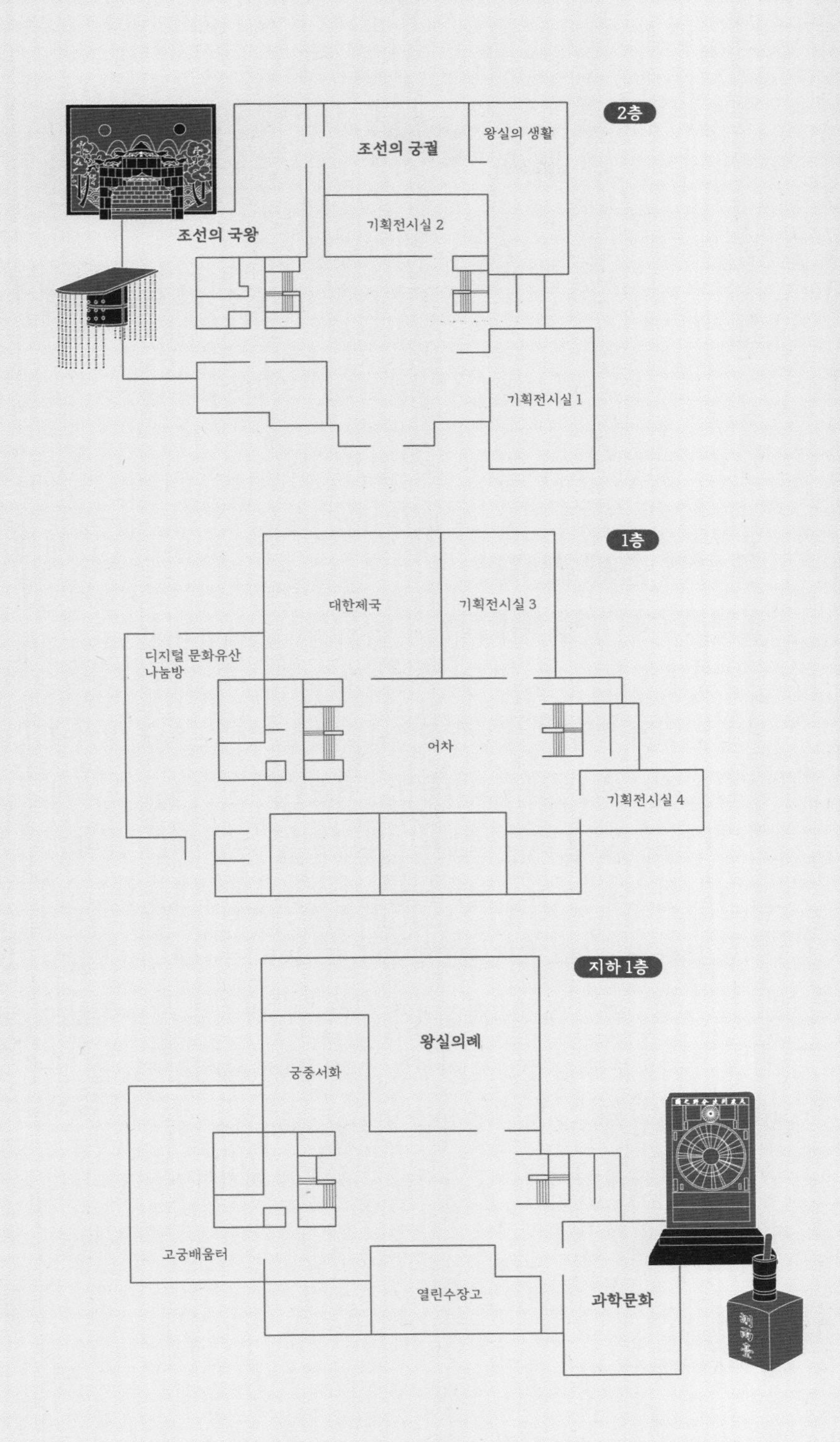
2층
왕실의 생활
조선의 궁궐
기획전시실 2
조선의 국왕
기획전시실 1
1층
대한제국
기획전시실 3
디지털 문화유산
나눔방
어차
기획전시실 4
지하 1층
왕실의례
궁중서화
고궁배움터
열린수장고
과학문화

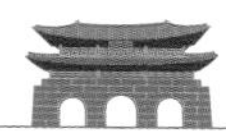

조선의 국왕 전시실, 왕관의 무게를 버텨라

2층 '조선의 국왕' 전시실로 들어섰습니다. 전시실 입구 벽면에 새겨진 '태정태세문단세…'로 익숙한 조선 왕의 계보가 눈길을 끄네요. 27명의 임금 가운데 특별한 두 사람이 있습니다. 한때 임금이었으나 역사에 왕으로 남지 못한, 폭군의 상징 연산군과 패륜아로 낙인찍힌 광해군이 바로 그 주인공입니다. 조선이라는 국가는 왕답지 못한 왕은 왕좌에서 끌어내렸습니다. 이는 동시대 다른 국가에서는 찾아보기 어려운 특징이지요. 이렇듯 조선이 올바른 왕의 덕목을 강조한 데는 조선 왕조의 시작과 깊은 관련이 있습니다.

조선은 뿌리째 썩어버린 고려를 딛고 새롭게 시작한 왕조입니다. 이들의 혁명을 뒷받침한 사상은 국왕이 왕답지 못하면 왕의 성씨를 바꿔도 된다는 '역성혁명易姓革命'이었습니다. 만일 큰소리치며 혁명을 일으킨 왕이 왕답지 못하면 어떤 일이 벌어질까요? 또 다른 누군가가 조선의 이씨 왕조를 뒤엎고 새로운 국가를 만들 수도 있지 않을까요? 어쩌면 빼앗기는 걸 가장 두려워하는 사람은 무언가를 빼앗아본 사람일지도 모르겠습니다. 그 때문에 조선 왕조는 세자 때부터 성군의 덕목을 힘주어 가르치고 왕의 권한보다 의무를 강조했지요. 그 의무가 무엇이었는지는 어좌에서 확인해볼 수 있습니다.

임금의 자리, 어좌.

어좌,
막중한 책임이 따르는 자리

임금이 앉는 어좌御座입니다. 붉게 칠한 임금의 자리가 돋보이지요. 주칠은 임금의 상징으로 민가에서는 사용이 금지되었습니다. 어좌 뒤로는 해와 달, 5개의 산봉우리가 그려진 〈일월오봉도〉가 자리합니다. 산봉우리 사이사이로 흐르고 있는 물줄기가 보이시나요? 해와 달, 산봉우리로 대표되는 천지 만물에 임금의 선정이 퍼지고 있다는 것을 상징합니다.

임금과 떼려야 뗄 수 없는, 군주의 '배경 화면'과도 같았던 그림이 바로 〈일월오봉도〉입니다. 궁궐에는 임금의 자리인 어좌 뒤에 걸려 있고, 임금이 궁 바깥으로 행차할 때는 〈일월오봉도〉 접이식 병풍이 따라 나갔습니다. 심지어 임금이 승하하셨을 때 역시 〈일월오봉도〉를 함께 묻을 정도였으니 왜 뗄 수 없는 그림인지 아시겠지요?

이 〈일월오봉도〉, 얼마에 구입할 수 있는지 궁금한 분들도 계실 텐데, 손에 넣는 건 1만 원이면 됩니다. 무슨 이야기냐고요? 1만 원짜리 지폐에 세종대왕이 그려져 있다는 건 다들 알고 계시지요? 왕이 가는 데 〈일월오봉도〉가 따라가지 않았을 리가요. 늘 세종대왕만 보셨다면 이번엔 왕 주변의 배경을 살펴보세요. 거기에도 〈일월오봉도〉가 있답니다.

그림처럼 물줄기가 끊임없이 이어지려면 왕은 어떤 행동을 해야 할까요. 힌트는 어좌 양옆에 놓인 꽃에 담겨 있습니다. 가만 보면 꽃이 조화처럼 보입니다. 그 시절 실제 임금의 자리에도 조화가 꽂혀 있었다고 합니다. 생화는 언젠가 시들기 마련이니, 시들지 않고 언제나 유효한 군주의 힘을 상징하기 위해 종이로 만든 꽃을 꽂아두었습니다.

그런데 꽃만 있는 게 아니라 주변으로 새와 곤충의 모형도 보입니다. 시들지 않는 왕을 상징하는 조화 주변의 생명들은 함께 일하는 신하들을 뜻합니다. 이를 통해 왕이 독단적으로 정치를 하는 것이 아니라 신하들과 힘을 합쳐 나라를 다스려야 한다는 메시지를 던지고 있지요. 그렇다면 이들이 함께 마땅히 해내야 하는 건 무엇일까요?

답은 꽃이 담긴 청화백자 속에 들어 있습니다. 청화를 가득 채운 내용물이 보이시나요? 바로 쌀입니다. 농경사회였던 조선에서 쌀은 오늘날의 돈과 같습니다. '왕과 신하가 힘을 합해 백성들을 잘 먹고 잘살게 해주는 일'이 조선의 성군에게 주어진 의무였던 것입니다.

초심을 기억하라 1, 구장복과 면류관

조선이라는 나라는 의미 부여를 참 잘했습니다. 가만히 살펴보면

청화백자에 담긴 쌀과 조화 꽃, 새의 모형.

왕 주변에 있는 것은 모두 성군의 덕목을 강조하고 있지요. 이는 세자가 왕의 자리에 오르는 즉위식에서 가장 강조됩니다.

어좌에서 조금 떨어진 자리에 왕이 즉위할 때 입는 의복이 전시되어 있습니다. 먼저 임금의 왕관인 면류관을 살펴보겠습니다. 면과 구슬로 이루어져 있다고 하여 면류관으로 불리지요. 왕관을 이루는 재료만 보더라도 우리가 흔히 아는 금은보화가 박힌 왕관과 사뭇 다릅니다. 조선은 그 무엇보다 검소함을 강조했습니다.

면류관을 보면 모자의 윗부분이 살짝 기울어져 있습니다. 이런 모자는 고개를 빳빳하게 세우고는 쓸 수가 없습니다. 반드시 고개를 살짝 숙여야만 균형을 맞출 수 있지요. 처음 왕이 된 자에게 강조하는 덕목은 겸손이라는 것을 알 수 있습니다.

다음으로 눈길을 끄는 건 면류관 옆 양쪽으로 2개씩 붙은 구슬입니다. 이 구슬은 딱 붙어 있지 않아서 걸어 다닐 때마다 귓가에 딱딱 소리를 낸다고 합니다. 감언이설을 조심하라는 경고와도 같습니다. 면류관에서 가장 눈에 띄는 부분은 시야를 가로막고 흔들리는 아홉 줄의 구슬입니다. 이 구슬의 용도는 왕의 눈이 너무 밝아 신하들의 결점을 찾아내는 것을 경계하기 위함이었다고 합니다.

면류관 아래쪽엔 옥으로 만든 막대기 규가 놓여 있습니다. 규圭는 흙 토土 자 2개가 위아래로 붙어 있는 형상입니다. 사극을 보면 즉위식 장면에 왕과 왕비가 규를 들고 서 있는 모습이 자주 등장합니다. '땅을 주관하는 자'라는 의미가 담긴 상징물로 즉위식에 사용

임금의 왕관 면류관과 즉의식 의복 구장복.

되었지요.

다음으로는 화려한 즉위식 의복을 살펴볼 텐데요. 9가지 각기 다른 무늬가 박힌 옷이라 하여 구장복이라 불립니다. 상의에 5가지 무늬, 하의에 4가지의 무늬가 있습니다. 상징의 나라 조선답게 무늬별

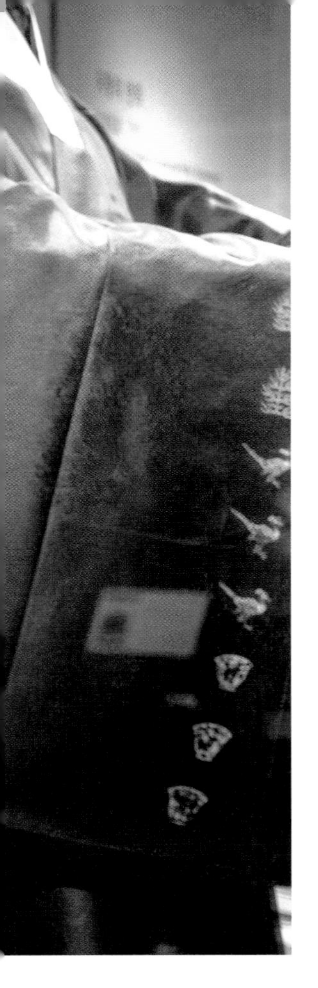

로 상징하는 의미가 있지요.

먼저 양陽을 뜻하는 상의에는 용, 산, 불꽃, 꿩, 술잔의 무늬가 그려져 있습니다. 용은 자유자재로 변화하는 최고의 통치자, 산은 하늘과 맞닿아 사람들이 우러러보는 존재를 의미합니다. 불꽃은 밝게 빛난다는 의미, 꿩은 화려함을 뜻합니다. 그리고 술잔은 종묘제례에 사용하는 술잔을 그려 넣어 효를 강조했으며, 술잔에 그려진 호랑이는 용맹을, 원숭이는 지혜를 상징합니다.

다음으로 하의를 살펴보겠습니다. 하의는 음陰을 뜻하며 4가지의 무늬를 찾아볼 수 있습니다. 바로 수초와 쌀, 도끼 그리고 아亞 자 형으로 적힌 글자 '불黻' 무늬입니다. 수초는 청결하며 옥같이 맑은 성정을 의미하고, 쌀은 백성을 먹여 살려 행복하게 만드는 군주의 덕을 뜻합니다. 도끼는 옳고 그름을 가르는 결단을 의미하며, 마지막으로 글자 '불'은 대립하고 있는 글자의 모양을 통해 백성이 악을 등지고 선을 선택한다는 의미입니다.

옷 하나에도 이렇게 많은 의미가 담겨 있는 조선이라는 국가가 새삼 대단하다는 생각이 들지 않나요. 이 옷을 입은 왕의 모습을 확인해볼 수 있으면 좋겠지만 그럴 수가 없습니다. 조선 시대엔 지존의 모습을 그리는 것이 엄격하게 금지되어 있었기 때문입니다. 지존의 모습은 임금의 초상화를 그리는 어진 작업을 할 때만 합법적으로 그릴 수 있었지요. 이쯤에서 당시에 그린 어진을 만나볼까요?

초심을 기억하라 2, 어진

즉위복 바로 옆에 근엄하게 앉아 있는 이 남성의 초상은 조선의 시조인 이성계입니다. 어진을 그릴 때 가장 중요한 점은 더도 덜도 말고 사실과 같이 그리는 것이었습니다. 가장 중요하게 생각했던 부분은 털과 눈빛 묘사였다고 하고요.

어진이 가장 많은 태조 이성계를 예로 들어보겠습니다. 젊은 시절 이성계의 초상화를 보면 수염에 윤기가 반질반질한 반면, 노년의 이성계 어진은 나이가 들어 푸석한 수염의 모질이 그대로 느껴지는 듯합니다.

다음으로 중요한 것은 눈빛 묘사입니다. 과거의 사람들은 '전신사조傳神寫照'라고 하여, 사람의 눈 속에 영혼이 깃들어 있다고 생각했습니다. 그래서 왕의 눈빛을 사실대로 묘사해 그림 속에 모든 걸

태조 이성계의 어진.

담고자 애썼지요. 그렇다면 왜 하나도 미화되지 않은 사실적인 초상화를 그렸던 걸까요?

이 그림들은 후대를 위한 것이었습니다. 어진을 처음 보았을 때 저는 고등학생 시절 자주 들었던 "지켜보고 있다. 공부해라" 같은 말이 떠올랐습니다. 새로 왕이 된 자가 초심을 잃지 않기 위해서는 조선이라는 나라가 어떻게 만들어진 왕조인지, 이를 지키기 위해 선대 왕들이 어떤 노력을 했는지를 마음에 새길 공간이 필요했을 겁니다. 이 공간은 궁궐에 선원전이라는 이름으로 존재했고, 그곳에는 선대 왕들의 어진이 일렬로 늘어서 있었다고 합니다. 현재 부임한 왕에게 경각심을 주기 위해서는 아름다운 외관보다 눈빛까지 살아 있는 사실적인 묘사가 적합했을 테지요. 어쩌면 그 시절의 어진들은 기독교와 천주교의 십자가, 불교의 불상처럼 후대 왕들에게는 가슴에 새겨

기록 문화의 정수,『조선왕조실록』.

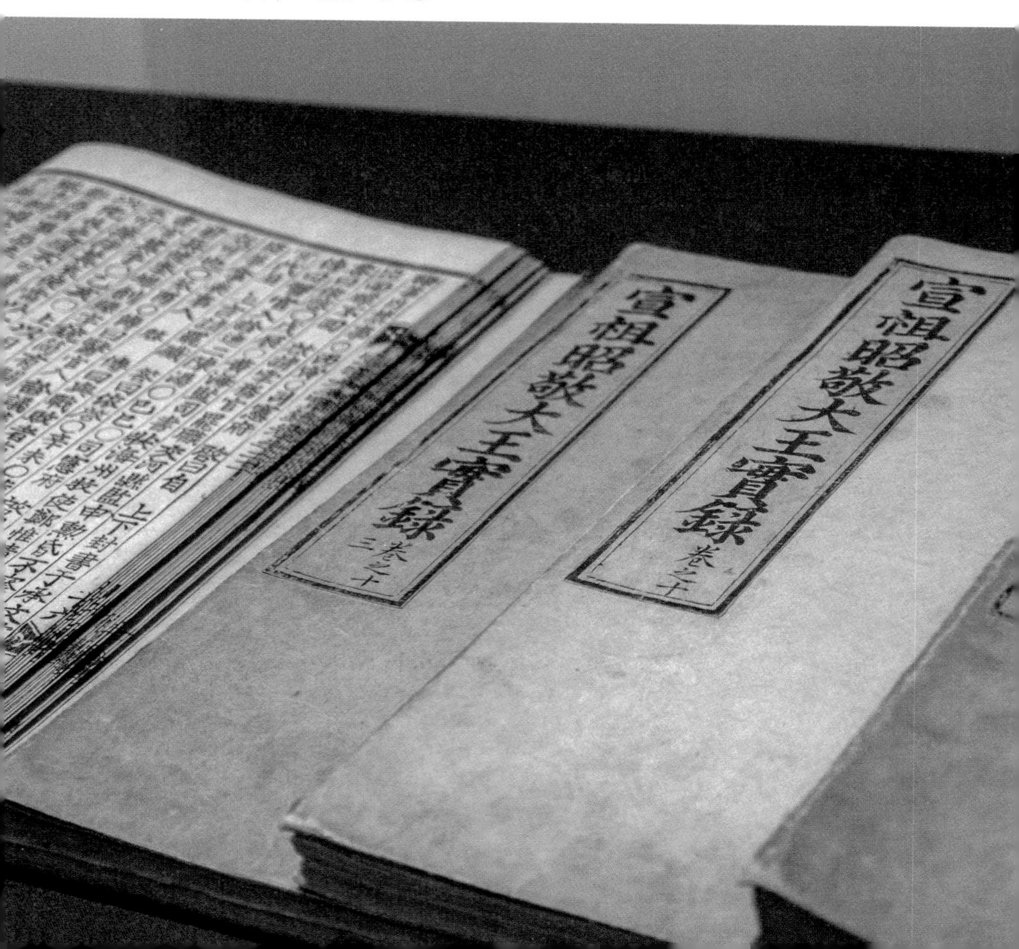

야 할 국가의 상징이지 않았을까 생각해봅니다. 숱한 왕의 어진 중에서 조선을 세운 태조 이성계의 어진이 압도적으로 많다는 것을 떠올려보면 더욱 그렇습니다.

『조선왕조실록』, 왕의 숨결까지 받아 적다

앞서 선원전에 모신 왕들의 어진을 보며 후대 왕들은 초심을 되새겼을 거라 말씀드렸습니다. 그런데 사실적으로 그려진 조상님 얼굴 좀 본다고 해서 잃어버릴 초심이 바로잡힐까요? 이 정도로는 역부족이라는 생각이 드는 게 사실입니다. 그렇다면 누군가 우리 뒤를 졸졸 따라다니며 우리의 말과 행동을 모두 적어 후대에 공개한다면 어떨까요?

이런 이유로 조선의 왕에게는 합법적인 스토커라고 할 만한 사관이 언제나 따라붙었습니다. 어디든 왕과 함께했던 사관은 왕이 하는 행동과 말을 모두 받아 적었지요. 이 초고를 '사초史草'라고 합니다. 실록의 내용이 될 사초는 사관을 제외한 누구도 볼 수 없게 철저히 비밀에 부쳤다가 왕이 승하하고 나면 이 사초들을 엮어 실록을 만들었습니다.

『조선왕조실록』은 1894권 888책에 달하는 방대한 양을 자랑합니다. 사관이 기록한 왕의 행동과 말은 과연 실록에 그대로 실리고 지켜졌을까요. 이와 관련하여 『조선왕조실록』의 일부분인 《선조실록》과 《선조수정실록》 이야기를 꺼내어볼까 합니다.

1623년, 선조의 뒤를 이어 왕위에 오른 광해군이 반정으로 폐위되고 인조가 새롭게 왕으로 즉위합니다. 이는 단순히 왕만 바뀐 것을 의미하지는 않았습니다. 오늘날 대통령이 바뀌면 여당, 야당이 바뀌는 것과 같이 당시에도 누가 왕이 되느냐에 따라 힘을 잡는 붕당에 변화가 따랐지요. 인조가 왕이 되자 그간 광해군의 지지 세력이던 북인들이 물러나고 서인 세력이 떠오릅니다. 서인들은 북인들 위주로 작성되었을 《선조실록》을 염려하며 수정본인 또 하나의 실록, 《선조수정실록》을 펴냈지요.

그 이후의 행보가 지켜볼 만합니다. 보통 수정해서 새로운 실록을 펴낼 때는 이전 실록을 확인할 수 없도록 없앨 만도 한데, 서인 세력은 후대가 글을 읽고 역사를 판단하게 하고자 둘 모두를 남겨둡니다. 이처럼 공정하게 작성한 『조선왕조실록』은 그 '기록의 객관성'을 인정받아 1997년 유네스코 세계기록유산으로 지정되었습니다.

과학문화 전시실,
백성을 위해 하늘을 읽다

'조선의 국왕' 전시실을 둘러보며 왕의 덕목을 엿보았습니다. 한 줄로 요약하자면, '왕은 백성들을 잘 먹고 잘살게 해주어야 한다'라는 이야기인데, 정성 어린 기우제를 지내거나 밤새 상소문을 읽는 것만으로 해결되는 문제는 아니었습니다. 근본적인 문제를 해결하기 위해 조선은 어떤 노력을 했을까요? 그 답을 알아보기 위해 지하 1층 '과학문화' 전시실로 이동해보겠습니다.

이곳에는 조선 시대에 비약적으로 발전한 천문 과학 유물들을 전시하고 있습니다. 조선 시대에 과학기술이 발전한 까닭은 농경사회와 관련이 깊습니다. 농사는 필연적으로 날씨의 영향을 받습니다. 열심히 논밭을 가꿔도 가뭄이 닥치거나 홍수가 이어지면 수확할 수 있는 작물이 없기 때문이지요. 오늘날에도 날씨의 영향으로 식자재 가격이 바뀌는데 조선 시대에는 얼마나 더 극심했을까요?

조선의 백성들은 자연재해로 농사를 망쳐 배를 곯는 일이 잦았다고 합니다. 당시엔 하늘이 노하여 재해가 일어난다고 생각했기에 하늘이 내린 국왕이 제사를 지내기도 했지요. 대표적으로 비를 부르는 기우제가 있습니다. 이를 달리 말하자면 날씨와 재해 역시 국왕의 부덕과 결부시켜 생각했다는 것입니다. 첫째도, 둘째도 정통성을 가장 중시했던 조선에서 날씨를 예측할 궁리를 하는 건 어쩌면 당연한 일이었는지도 모르겠습니다. 지금부터 '과학문화' 전시실에 있는 유물들을 통해 조선의 국왕이 하늘을 읽기 위해 기울인 노력을 살펴보겠습니다.

〈천상열차분야지도〉, 조선만의 시간과 절기

'과학문화' 전시실에서 가장 눈에 띄는 곳은 2m가 넘는 높이의 돌비석에 하늘의 별자리를 그려 넣은 〈천상열차분야지도天象列次分野之圖〉 전시 구역입니다. 〈천상열차분야지도〉는 글자 그대로 하늘의 모양을 차례대로 나눈 그림이라는 의미입니다. 북극성을 기준으로 관측할 수 있는 별자리들을 12구역으로 나누었지요. 〈천상열차분야지도〉 윗부분에서는 295개의 별자리와 1467개의 별을 확인할 수 있는데, 놀라운 점은 별의 밝기에 따라 그 크기를 다르게 표시해두었다는 것입니다.

〈천상열차분야지도〉는 조선 왕조의 보물 같은 존재입니다. 태조 이성계가 국가를 세우고 건국의 정당성을 필요로 하던 시점, 한 노인이 고구려의 별자리가 새겨진 오래된 비석을 이성계에게 바친 것이 그 시작이었습니다. 새 왕조가 탄생하자마자 발견된 고대국가의 별 지도는 이씨 왕조의 정당성을 내세우기 좋은 유물이었지요. 그러

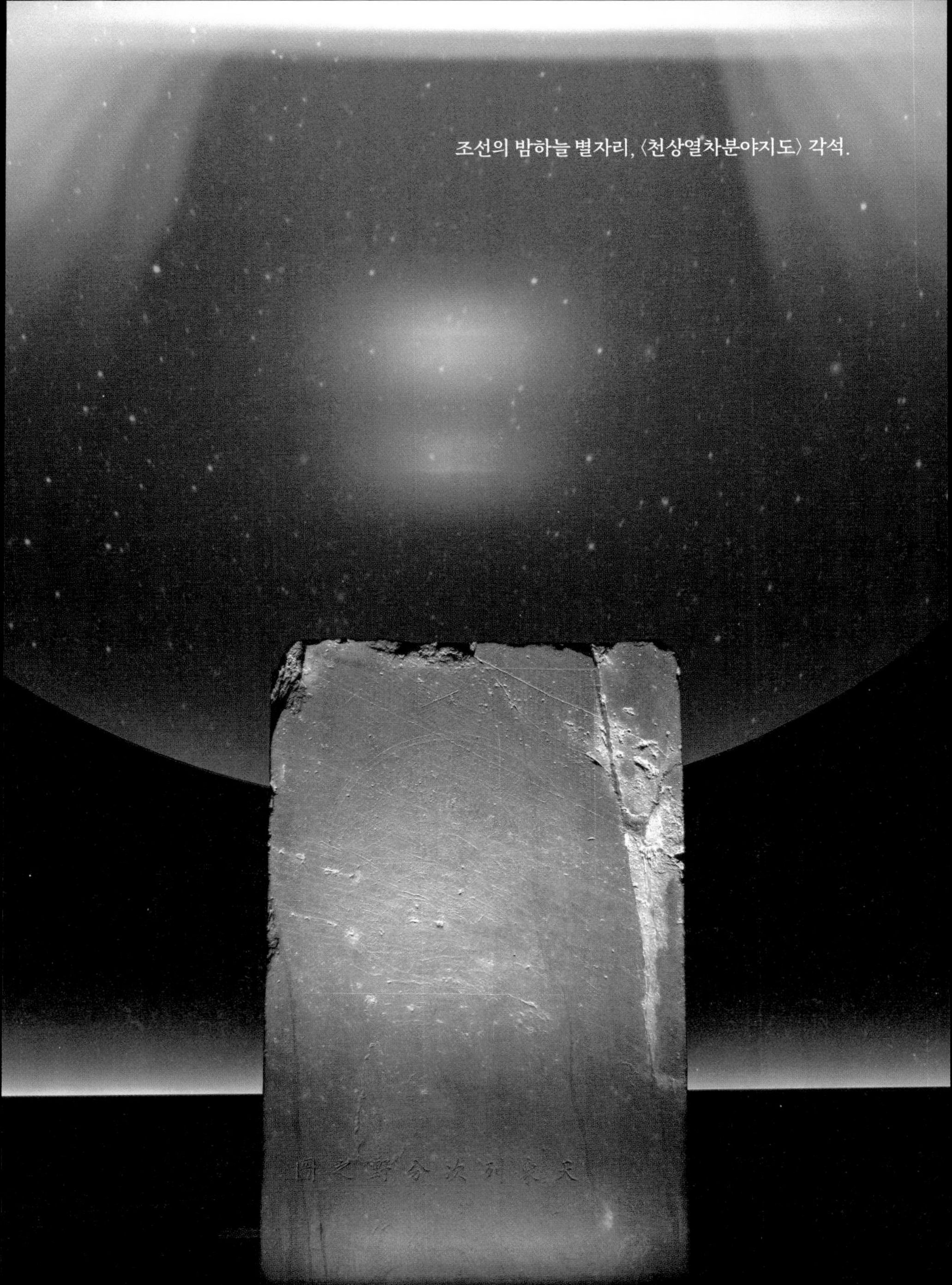

조선의 밤하늘 별자리, 〈천상열차분야지도〉 각석.

나 고구려 평양에서 보는 별과 조선 한양에서 보는 별이 완벽하게 일치하지 않는다는 한계가 있었습니다.

이를 보완하기 위해, 태조는 조선판 기상청이라 할 수 있는 서운관의 관리들과 문인학자 권근, 서예가 설장수 그리고 고려 시대부터 하늘을 관측하던 천문학자 류방택에게 조선의 하늘을 담은 별자리 지도를 만들라 명합니다. 이에 류방택은 오랜 시간 쌓아온 지식을 이용해 조선의 밤하늘이 고스란히 표현된 지도를 제작하는 데 성공했습니다. 이것이 바로 〈천상열차분야지도〉입니다.

태양이 지나는 길인 황도 부근의 하늘을 12등분하여 일 년의 구간을 나누자, 절기에 따른 조선의 밤하늘을 확인할 수 있게 되었습니다. 예측할 수 있다면 대비할 수 있게 되겠지요. 〈천상열차분야지도〉의 탄생으로 백성들의 삶은 보다 평탄해졌습니다.

애민 정신으로 1, 측우기

태조 이성계 때부터 싹을 틔운 조선의 과학문화는 세종대왕과 그의 아들 문종 대에 이르러 꽃을 피웁니다. 그중 빼놓을 수 없는 것이 전 세계 최초로 고안된 강수량 측정 기구, 측우기입니다.

매년 5월 19일은 정부에서 지정한 발명의 날입니다. 그렇다면 왜

5월 19일일까요? 바로 측우기를 처음 실험한 날인 세종 23년 음력 4월 29일을 양력으로 환산하면 5월 19일이기 때문입니다.

농사의 성패를 가르는 가장 중요한 것은 때맞춰 내리는 단비입니다. 강수량을 예측할 수 있다면 가뭄과 홍수를 대비할 수 있을 텐데,

조선의 강수량 측정 기구, 측우기.

조선 시대 사람들은 비가 얼마나 왔는지 확인하기 위해 땅을 파서 빗물이 고인 깊이를 재는 방식으로 비의 양을 측정했습니다. 그러나 지역마다 토질 등 각기 다른 변수가 있어 체계적인 방식이라 할 수 없었지요. 효과적인 강수량 측정을 고민하던 세자 시절의 문종은 구리로 만든 그릇을 놓고 빗물이 고이는 양을 측정하는데, 이날이 세종 23년 4월 29일, 측우기를 실험한 첫째 날입니다.

측우기는 원기둥 모양의 그릇과 그릇을 받치는 받침대로 이루어집니다. 우선 원기둥 형태의 그릇은 그 둘레가 7촌(약 14cm)인데, 측우기의 크기가 클 경우 빗물이 증발할 수 있기 때문에 7촌을 이상적인 둘레로 생각했다고 합니다. 원기둥의 형태로 제작한 이유는 각진 모양일 경우 빗물이 튕겨 나갈 위험이 있었기 때문이지요. 마지막으로 적당한 높이의 측우대로 받침으로써 바닥에서 빗물이 튕겨 들어오는 것을 방지하고 측우기를 고정해 더욱 정확한 강수량을 측정할 수 있게 만들었습니다.

세종과 문종, 조선의 재정을 총괄하는 호조 관리들이 합심해서 만든 측우기는 1639년에 이탈리아에서 만든 우량계보다 약 200년 앞서 발명되었습니다. 그뿐만 아니라 오늘날 기상청에서 강수량을 측정하는 방법과도 그 원리가 크게 다르지 않다니 대단한 물건이 아닐 수 없습니다.

애민 정신으로 2,
자격루

조선 시대에 발전한 과학 문명을 이야기할 때 빠뜨릴 수 없는 것이 정확한 시간 개념이 생겨났다는 점입니다. 당시에는 절대적인 시간 기준이 없었습니다. 하루를 12시간으로 구분하긴 했지만, 명확하게 파악하기는 어려웠지요. 해가 지는 인정 때 성문을 닫으며 28번의 종을 치고, 해가 뜨는 파루 때 성문을 열며 33번의 종을 치는 방식으로 공식적인 시간을 알리는 것 외엔 개인의 경험으로 때를 예측했습니다.

1434년, 세종과 노비 출신의 과학자 장영실이 의기투합해서 만든 자격루는 정확한 시간에 맞춰 스스로 소리를 내는 우리나라 최초의 자동 알람 시계입니다.

작동 원리는 다음과 같습니다. 큰 항아리에 담긴 물을 일정한 속도로 작은 항아리와 배수관을 통해 원통형 항아리로 보냅니다. 물이 차오르면서 원통형 항아리 속 잣대가 점점 떠오르게 되는데, 이때 잣대가 지렛대 장치를 건드리면 그 끝에 있는 쇠구슬이 시보 장치 상자의 구멍으로 밀려들어 갑니다. 이 쇠구슬이 움직이며 다른 쇠구슬을 굴려주고, 그것들이 차례대로 자격루에 부착된 인형들을 건드려 종, 징, 북을 울리는 형태로 시간을 알립니다. 시간은 각각 12지신으로 구별했기 때문에 시를 알려주는 12지신 동물 인형이 튀어나오는 것을 보고 사람들은 지금이 몇 시인지를 파악할 수 있었다고 합니다.

자격루의 원통형 항아리, 수수호.

정확한 시간을 파악할 수 있다는 건 이를 기준으로 약속을 할 수 있다는 것을 의미하기도 합니다. 성문이 열리고 닫히는 시간이 들쑥날쑥하면 도성을 드나드는 사람들이 큰 불편을 겪을 것입니다. 그러나 약속된 시간에 문이 개폐된다면 계획을 세우고 그에 맞춰 시간을 쓸 수 있겠지요. 또한 전시 상황에도 정확한 시간을 알아야 작전을 수행하기가 용이합니다. 더 나아가 국왕이 시간을 통제할 수 있다는 점에서 왕권 강화 수단이 되기도 했습니다.

1392년, 고려를 딛고 조선 왕조가 새롭게 열렸습니다. 그러나 어제까지 고려인이었던 백성들 입장에서 고혈을 빨아먹던 나라가 없어지고 새 왕조가 열렸다고 전폭적인 지지를 보냈을 리는 만무합니다.

조선은 냉소적인 여론 앞에서 백성의 행복을 최우선으로 생각하는 국가가 되고자 마음을 다잡았지요. 국립고궁박물관의 유물들은 왕관의 무게를 견뎌내는 새 왕조의 포부와 도전을 보여줍니다.

_가이드 J

국립고궁박물관

주소	서울시 종로구 효자로 12
찾아가기	지하철 3호선 경복궁역 5번 출구에서 도보 1분
운영 시간	10:00~18:00, 수·토요일 10:00~21:00
휴관일	1월 1일, 음력설 당일, 추석 당일
입장료	무료
홈페이지	www.gogung.go.kr
인스타그램	@gogungmuseum

더 알아보기

『조선왕조실록』에 등장하는 왕의 하루

오전 5시, 일과의 시작

"왕관을 쓰려는 자, 그 무게를 견뎌라"라는 명언이 조선의 왕만큼 잘 어울리는 사람도 없을 것입니다. 성군의 면모를 보여야 했던 조선의 왕에겐 책임질 일이 너무도 많았습니다.

왕은 해가 뜨기도 전인 5시경에 일어납니다. 일어나자마자 용모를 단정히 하고 웃어른에게 인사를 갑니다. 왕이 나이가 많으면 좀 더 잘 수 있지 않을까 싶겠지만, 왕에게 문안을 드리러 오는 사람이 잔뜩 있기 때문에 불가능하지요.

왕은 삼시세끼와 더불어 하루에 세 번의 공부를 해야 했습니다. 음식이 채 소화되기도 전에 똑똑한 신하들과 조선판 〈100분 토론〉인 '경연'도 펼쳤지요. 자신의 의견을 관철하기 위해 혼자 있는 시간에도 열심히 공부하는 건 당연한 일이었습니다.

왕은 국가에 일어나는 모든 일의 총책임자였기 때문에 궁궐의 단위부터 국가의 차원까지 크고 작은 일을 도맡아야 했습니다. 신하들이 출근하면 정전에서 진행하는 조회부터 늦은 밤 궁을 지키는 군사들에게 암호명을 지어주는 일, 지방에 다녀온 관찰사의 의견을 듣는 일, 사신을 대접하는 일 역시 왕의 몫이었습니다.

오후 7시에 마무리되는 일정, 그러나…

통상적으로 오후 7시경 국왕의 일정은 마무리되었습니다. 하지만 본인이 하늘이 내려준 왕임을 증명해야 하는 자리라면 편히 쉴 수 있었을까요? 결국 국왕은 날이 새도록 전국 각지에서 올라온 상소문을 읽으며 고민을 거듭하다가 늦은 밤이 되어서야 눈을 붙일 수 있었습니다.

왕은 설, 추석과 같은 명절과 임금의 곁에서 행정 업무를 하는 고위 관료가 상을 당했을 때만 합법적으로 쉴 수 있었습니다. 이쯤 살펴보니 왜 조선 시대 왕들이 단명했는지 알 것도 같습니다.

경복궁

600년 전 세종의 꿈을 따라가는 여행

여정 02

서울시 종로구 사직로 161

600여 년 전, 조선을 건국한 선조들은 어떤 꿈을 가지고 나라 운영을 시작했을까요. 정치 이념을 토대로 세운 나라 조선, 선조들의 이상이 담긴 궁궐 경복궁景福宮. 오늘은 경복궁이 간직해온 그 꿈 이야기를 태조와 정도전, 세종의 족적을 따라가며 나누어보려 합니다.

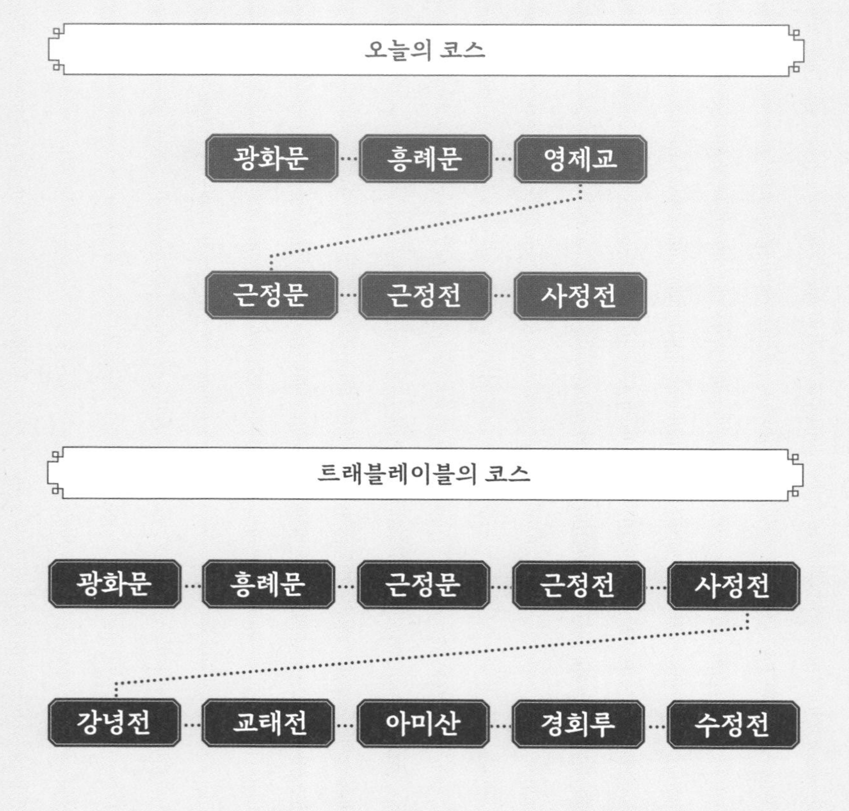

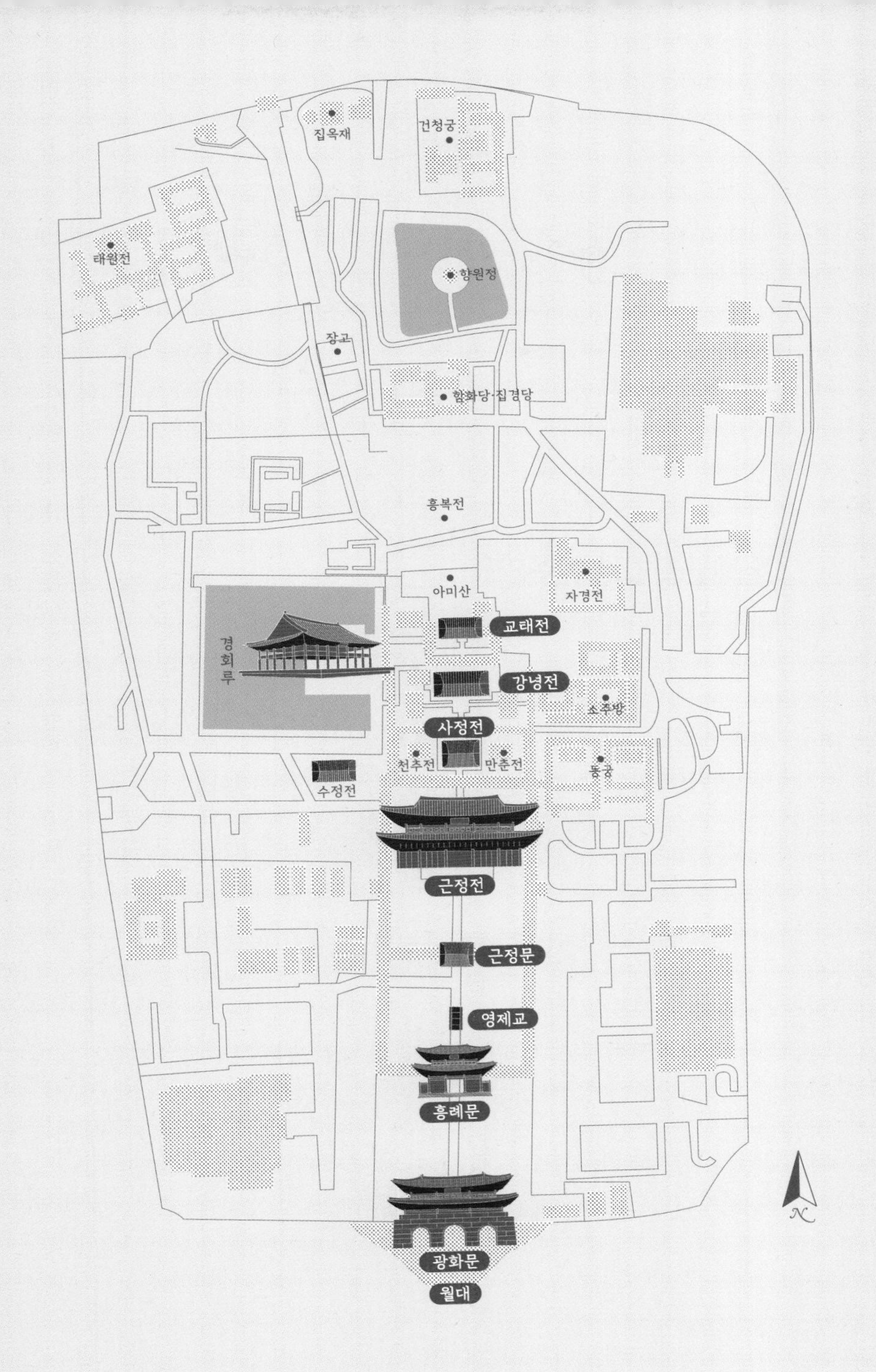

집옥재
건청궁
태원전
향원정
장고
함화당·집경당
흥복전
아미산
자경전
교태전
경회루
강녕전
소주방
사정전
천추전
만춘전
동궁
수정전
근정전
근정문
영제교
흥례문
광화문
월대

검이불루 화이불치의 새 나라

한 시대가 끝나갈 때는 비슷한 현상들이 나타납니다. 부정부패가 만연하고, 정치인과 종교인들이 타락하며, 도덕성이 추락합니다. 백성들의 삶은 힘들어지지만, 상류층은 신경 쓰지 않습니다. 새로운 세상을 갈망하는 목소리가 백성들 사이에서 터져 나오고, 그 목소리를 대변하겠다는 대의명분을 가진 세력이 등장해 사치와 향락에 젖어버린 나라를 끝내고 올바른 세상을 열겠다고 합니다. 구세력과 신세력의 싸움이 벌어지고, 지키려는 자들과 새롭게 시작하려는 자들의 이야기가 펼쳐집니다. 그렇게 500년 가까이 지속된, 한때는 훌륭했던 나라 고려도 마지막을 향해 가고, 그 혼란의 시기를 거쳐 태조 이성계가 1392년 조선을 개국합니다.

새로운 왕조가 시작되었으니 새로운 왕이 거처하는 새로운 궁궐이 필요하겠지요. 1395년, 조선 최초의 법궁法宮으로 경복궁이 창건되었을 때, 그 규모는 개국의 포부에 비해 무척 소박했습니다. 조선 건국의 일등 공신 정도전은 이토록 작은 궁궐을 지었습니다.

만약 여러분이 당시 태조 이성계였다면 기분이 어땠을까요? 그래도 자신이 새로운 나라를 세웠는데, 어찌 보면 초라할 수도 있는 규모의 궁궐을 선물 받는다면 기분이 썩 좋지는 않았을 것 같습니다. 하지만 이성계는 크게 기뻐했다고 합니다. 왜 그들은 그렇게도 작은 궁궐을 지었을까요? 『조선경국전』은 정도전이 조선의 건국 이념을 기술한 법전으로, 여기에 그 답이 있습니다.

> "궁궐이 사치스러우면 반드시 백성을 수고롭게 하고 재정을 손상시키는 지경에 이르게 됩니다. 또한 누추하면 나라의 존엄을 보여줄 수가 없습니다. 검소하면서도 누추하지 않고, 화려하면서도 사치스럽지 않도록 하는 것이 아름다운 것입니다."
>
> _정도전, 『조선경국전』(1394)

"검소하면서도 누추하지 않고, 화려하면서도 사치스럽지 않다." 김부식이 집필에 참여한 『삼국사기』 중에서 〈백제본기 온조왕〉 편에 나와 있는 "검이불루 화이불치儉而不陋 華而不侈"를 인용한 것입니다. 조선 초기인 1400년대, 유럽인들은 르네상스를 맞이하고 있었습니다. 신 중심에서 인간 중심의 세계관으로 막 변모할 때였지만, 오늘날과 같은 '인권'이란 개념은 찾아볼 수 없는 시절이었지요. 궁 역시 왕족을 위한 공간으로, 1682년 루이 14세가 거처를 옮겼던 베르사유궁전만 보더라도 그의 강력한 왕권을 상징하듯 화려하고 웅장합니다. 600여 년 전의 조선처럼 건국 이념을 가지고 나라를 세우고 그 철학에 따라 궁의 규모를 정한 나라가 또 있었는지 반문해보게 됩니다.

경복궁과 광화문, 이름들이 향하는 곳

"이미 술에 취하고, 덕에 배부르니, 임금님께선 만 년 동안 큰 복을 누리십시오." 정도전은 『시경』에서 궁의 이름을 따와 '크나큰 복', 즉 '경복景福'이라 지었습니다. 글자 그대로 임금만 복을 누리라는 이야기가 아닙니다. 유교 사회에서 임금이 복을 누린다는 것은 '온 나라가 풍요롭고 행복한 세상이 되길 바란다'라는 의미이기도 합니다. 정도전은 조선의 제1궁인 법궁의 이름을 지으며 왕과 백성이 두루 평안한 나라를 꿈꾼 것이지요.

경복궁의 정문인 광화문은 경복궁을 짓기 전에도 존재했습니다. 당시에는 '남쪽의 문'이라는 뜻의 "오문"이라 불리었는데, 《세종실

2023년 복원한 광화문 현판.

록》(34권, 세종 8년 10월 26일)에 따르면 세종이 집현전에 일러 광화문이란 이름을 붙였습니다. 광화문의 '광화光化'는 '빛으로 세상을 교화시키다'라는 의미라고들 합니다. 문화재청에서 발간한 《궁궐의 현판과 주련》(2008)에 따르면 '천자나 군주에 의한 덕화', 즉 '국왕의 통치에서 우러나오는 빛으로 백성을 교화시킨다'라는 뜻이라고 하는데요, 한 번에 잘 이해되지는 않습니다.

유교 사회에서 꿈꾼 이상향이 있습니다. 모든 백성이 도덕적인 사회가 되면 하늘이 태평성대를 허락해준다는 것이었지요. 그렇다면 백성 모두가 도덕적으로 변화하려면 어떻게 해야 하는 것일까요? 우선 임금이 도덕적인 사람이 되어 모범을 보이고, 신하들이 이를 따라 백성들을 위한 좋은 정치를 펼치면 자연스레 백성들도 도덕적인 사회를 이루게 된다고 여겼습니다. 이 말은 곧 모든 책임은 왕에게 있다는 이야기입니다. 왕이 똑바로 하지 못하면 하늘이 기근과 홍수 같은 자연재해로 벌을 내리고, 잘하면 풍년이 들고 세상에 기쁜 일이 넘치게 된다는 의미입니다.

'경복궁'의 이름처럼 왕이 복을 누리려면 왕이 우선 잘해야 하고, '광화문'이 품은 뜻처럼 빛으로 백성을 교화시키기 위해선 먼저 성인군자가 되어야 합니다. 경복궁과 광화문이란 이름은 결국 훌륭한 임금이 되어 백성들의 삶을 풍요롭게 해주겠다는 약속이자 다짐인 것이죠. 2023년 10월, 검은색 바탕에 금빛 글자로 새롭게 걸린 광화문 현판을 감상하며 복원된 월대 위를 걸어 이제 경복궁으로 들어섭니다.

흥례문,
관료들에게 메시지를 던지다

광화문을 들어서서 오른쪽 매표소에서 입장권을 구매하면 드디어 궁궐로 향하는 문을 하나 더 통과할 수 있게 됩니다. 이 문의 이름은 '흥례문'입니다. '예를 널리 편다'라는 뜻으로, 세종 8년에 '홍례문弘禮門'이라 지었다가 고종 때 이르러 '흥례문興禮門'으로 바뀌었습니다.

그런데 이 이름의 뜻을 잘못 해석하는 경우가 있습니다. 왕을 만나러 궁으로 들어가야 하니까 '이제부터 예를 갖추라'는 의미로 해석하기도 하더라고요. 아닙니다. 600여 년 전 선조들이 살았던 시대의 가치관으로 보면 흥례문의 뜻은 다르게 해석됩니다.

그렇다면 당시 '예를 일으키는 방법'은 무엇이었을까요. "곳간이 가득 차야 예절을 안다", "무항산무항심, 즉 생활이 안정되지 않으면 마음을 다스리기 힘들다"라는 그 시대의 말들을 먼저 떠올려볼게요. 그렇습니다. 예를 널리 펴는 방법은 바로 '백성들의 먹고사는 문제를 해결하는 것'이었습니다. 흥례문이란 이름 자체가 이 문을 드나드는 관료들이 마음에 새겨야 할 메시지였던 것이죠. '광화문'의 뜻이 백성들을 향한 왕의 약속, 오늘날로 치면 국정 과제라면, '흥례문'은 관료들에게 일러주는 방침인 것입니다. 괜스레 뒤돌아 광화문을 보고 다시 흥례문을 바라봅니다. 흥례문 앞에서 꼭 살필 곳이 있기 때문입니다. 바로 답도입니다.

답도는 왕과 왕비의 가마가 지나던 길입니다. 경복궁의 답도에는 봉황이 새겨져 있습니다. 봉황은 중국 고대 요임금과 순임금이 다스리던, 요순 시대에 나타난 새로 상상의 영물이라고 합니다. 임금이 덕으로 다스려서 천하가 태평했던 시대의 상징이 바로 봉황입니다. 봉황이 새겨진 길을 지나며 왕과 왕비는 태평성대를 위한 노력을 또다시 다짐했을지도 모르겠습니다.

이제 계단을 또 오릅니다. 광화문 밖에도 월대가 있었고, 월대에

답도에 새긴 상상의 영물, 봉황

오르기 위한 계단이 있었습니다. 우리는 근정전에 도착할 때까지 계속 계단을 오르게 될 것입니다. 그리고 흥례문을 나서면 새로운 모습이 펼쳐집니다.

영제교,
영원히 건널 수 있는 다리

흥례문을 지나자 '삼도'가 곧게 펼쳐집니다. 왼쪽 길은 무반, 오른쪽 길은 문반이 걷던 길입니다. 가운뎃길은 '어도'입니다. 흔히 왕이 걷던 길이라고 알고 있지만 왕비도 이 길로 다녔습니다.

삼도를 걷다 보면 다리가 나옵니다. 지금은 다리 밑으로 흐르던 물이 말라버렸지만 조선 시대에는 북악산에서 시작된 물줄기를 이곳으로 연결해 지금의 청계천으로, 그리고 한강으로 흘려보냈다고 합니다. 왜 그랬을까요.

조선 왕실의 어좌 뒤편에 자리했던 그림 〈일월오봉도〉를 한번 떠올려볼까요. 〈일월오봉도〉는 조선의 왕을 상징하기에, 그림 속에서 산을 타고 바다로 흐르는 물줄기는 왕의 뜻이 백성들에게 널리 가 닿기를 바라는 마음도 함께 품었을 것입니다. 물론 이 물줄기에는 명당수를 의미하는 풍수지리적 요소도 담겼습니다. 서쪽으로 흘러 들어와서 동쪽으로 빠져나가는, '서입동출'의 개념이 적용되기도 했지요.

조선의 궁궐들을 떠올려보면 정문과 중문 사이에 인공 하천인 금천이 흐르게 하고 '금천교'라는 다리를 놓았습니다. 그런데 경복궁의 금천교는 "영제교"라고 부릅니다. 이 이름은 세종 8년에 지었습니다. 세종은 금천이라는 말을 싫어했습니다. '금할 금禁'이라는 한자 때문이었습니다. 금천은 '건너가는 것을 금하는 물길'을 의미합니다. 세종은 이를 '백성과 왕의 사이를 막는 것'이라 여겼고, '영원히 건널 수 있는 다리'라는 뜻의 "영제교"라고 명명하게 된 것이었죠. 알고 보면 경복궁의 영제교는 단순한 다리가 아니었는데, 왜 영제교 아래로 흐르던 물은 말라버린 것일까요?

세종이 이름 붙인 다리, 영제교.

일제 강점기였던 1926년, 바로 이곳에 조선총독부 건물 중앙청이 들어섭니다. 이곳에 중앙청을 세운 데는 일제의 치밀한 의도가 숨어 있었습니다. 임금과 백성을 연결하는 물길을 파괴하는 동시에 조선 왕실의 상징인 근정전이 보이지 않도록 막아버린 것이지요. 영제교를 지나면 드디어 경복궁에서 가장 큰 건축물이자 일제가 그토록 가리고 싶어 했던 근정전으로 향하게 됩니다.

근정문,
왕이 슬피 울었던 곳

광화문과 흥례문, 영제교의 주인공이 세종이었다면, 경복궁의 핵심 공간인 근정전으로 향하는 근정문부터는 다시 이 두 사람이 등장합니다. 바로 태조 이성계와 정도전입니다. 《태조실록》에는 정도전이 이성계에게 '근정'의 뜻에 대해 고하는 내용이 기록되어 있습니다.

> "근정전勤政殿과 근정문勤政門에 대하여 말하오면, 천하의 일은 부지런하면 다스려지고 부지런하지 못하면 폐하게 됨은 필연한 이치입니다. …(중략)… 선유先儒들이 말하기를, '아침에는 정사를 듣고, 낮에는 어진 이를 찾아보고, 저녁에는 법령을 닦고, 밤에는 몸을 편안하게 한다'는 것이 임금의 부지런한 것입니다."
>
> _《태조실록》 8권, 태조 4년 10월 7일.

신하가 임금에게 '부지런한 정치'의 뜻을 설명하며 "부지런하게, 깊이 생각하며 정치하고, 몸과 마음의 건강을 이루라"고 말합니다. 오늘날 직장 상사에게 하는 말이라고 생각해도 아찔한데, 하물며 조선 시대에 이런 말을 할 수 있었다니, 정도전도 대단한 사람이고 그의 말을 존중하고 수용한 태조 이성계도 그 못지않았다는 생각을

임금의 즉위식이 열렸던 근정문.

하게 됩니다. 어떻게 보면 그 시절 새로운 나라의 시작을 함께한 사람들의 각오와 태도라고 볼 수도 있겠습니다.

근정문은 임금의 즉위식을 거행했던 자리이기도 합니다. 조선 시대의 즉위식은 결코 기쁜 일이 아니었습니다. 선왕이 돌아가셔서 새로운 왕이 즉위하는 것이니, 아들이 아버지를 제대로 모시지 못한 불효 때문에 생긴 일이라는 것이었죠. 그렇게 새로운 왕은 상복을 입고 제사를 지내는 중에 잠깐 즉위식을 치르고선 다시 상복으로 갈아입고 제사를 지내는 것이 대부분의 즉위식 진행 방식이었습니다.

하지만 오늘날 즉위식 재현 행사는 경복궁의 근정전에서 화려하게 열립니다. 바로 세종대왕의 즉위식을 재현한 것이죠. 세종은 선왕인 아버지 태종이 살아계실 때 선위를 이어받았기에 흉례가 아닌 멋진 즉위식을 근정전에서 치를 수 있었던 것입니다.

조정,
하늘과 땅이 하나 되다

근정문을 지났다면 바로 오른쪽으로 방향을 돌려 건물 끝까지 걸어봅니다. 여기서 조정 마당 너머 마주한 근정전의 오른쪽으로 천천히 시선을 옮겨봅니다. 근정전 1층 오른쪽 처마의 끝선과 맞닿은 인왕산의 능선을 발견했다면 다시 반대쪽으로 시선을 돌려보세요. 인왕산 정상에 올랐다가 다시 아래로 향하는 능선과 근정전 1층 왼쪽 처마의 선이 또다시 어우러집니다. 근정전 2층 지붕 오른쪽 끝에선 북악산 정상이 연결됩니다.

우리의 전통 건축에는 '차경借景' 기법을 사용했습니다. 빌릴 차借, 경치 경景, 즉 '빌려온 경치'라는 뜻입니다. 서양인들은 건물의 아름다움을 중시했지만 우리는 자연과의 조화를 함께 즐겼습니다. 조선의 건축물은 자연이란 배경 안에 머물 때 비로소 완벽해졌습니다.

근정전 앞 너른 마당이 보입니다. 이곳을 '조정'이라고 부릅니다. 이곳에는 신하들이 직급별로 도열하기 위한 품계석을 세웠습니다. 조정은 앞서 말한 즉위식을 비롯해서 세자의 책봉식, 사신 맞이, 과거시험, 조회 등 조선의 중요한 행사를 치른 곳입니다. 이 많은 행사 중에서도 주목해볼 행사는 바로 '양로연'입니다. 다른 행사들이야 이웃 나라들에서도 비슷하게 진행되었지만 조선의 양로연만큼은 달랐습니다.

세종 때 시작한 양로연은 80세가 넘은 노인들을 초대해서 왕과 함께 축하하고 즐긴 행사입니다. 바로 이 조정 마당에서 임금이 술을 내리고 연회를 열었습니다. 경복궁의 구조에서 가장 높은 위계질서를 상징하는 곳이 정전인 근정전인데, 바로 그 앞인 조정 마당에서 임금이 직접 연회를 연 것입니다.

나이가 80세 이상이면 잔치에 참여할 수 있었고, 90세 이상이 되면 관직이나 작위를 수여했습니다. 천인 중에서 100세가 넘은 사람들은 면천까지 해주었습니다. 600여 년 전에 노비를 해방시켜준 것입니다. 유럽의 어떠한 나라에서도 이러한 사례는 찾을 수 없습니다.

양인과 천인의 구분 없이 함께 행사에 참여했다는 점도 양로연의 놀라운 점입니다. 당연히 양인들은 싫어했습니다. 그러나 세종은 이렇게 답합니다.

> "이미 하늘이 주신 복을 받아 천수를 누리는 사람들인데 신분을 따지는 게 무슨 의미가 있겠는가. 효를 보이고자 하는 것이지 신분의 높고 낮음을 따지려는 잔치가 아니니다. 귀천의 구분 없이 모든 노인을 참여하게 하라."

_《세종실록》57권, 세종 14년 8월 17일.

인왕산과 북악산을 병풍처럼 두른 근정전의 앞마당에서 그렇게 조선의 하늘인 왕과 땅인 백성은 하나가 되었습니다.

드디어 근정전, 조선 정치의 중심으로

마침내 조정 마당을 걸어 계단을 오릅니다. 근정전을 앞에 두고 정중앙에 섭니다. 자, 이제 뒤를 돌아보세요. 흥례문이 보인다면 5초 이상 뚫어져라 쳐다보며 단청에서 '파란색'을 찾아봅니다. 흥례문의 기둥은 적색이고 지붕 처마를 받치고 있는 공포栱包는 녹색 계열이 많습니다. 파란색은 찾기 힘듭니다.

다시 뒤를 돌아서 근정전을 바라보세요. 단청에도 유독 파란색이 많이 보일 것입니다. 『조선왕조실록』에는 '회청' 혹은 '회회청'이라 기록되어 있는 색이죠. 고대부터 인류가 사랑했던 귀한 색이자 청금석을 사용한 색, 바로 울트라 마린입니다.

청금석은 고대 메소포타미아에서 많이 사용했습니다. 특정 지역에서만 나오는 귀한 보석이기에 유통 과정에서 엄청난 부가가치가 생깁니다. 한때는 금보다 귀하고 비쌌던 광물입니다.

2000년부터 2003년까지 근정전을 해체·복원하면서 그 귀한 파란색을 사용해 정전으로서의 격을 표현했습니다. 재미있는 것은 근정전 양옆으로 파란 칠을 한 곳들이 보인다는 사실입니다. 푸른 기와를 얹은 두 곳, 근정전 왼쪽은 청와대이고 오른쪽은 국립민속박물관입니다. 세 곳의 파란색을 비교해보는 재미가 있습니다.

조선의 법궁, 경복궁의 정전인 근정전은 왕이 공식적으로 신하나 외국 사신을 만나는 공간이었습니다. 정면 5칸, 측면 5칸의 중층 목조 건물로, 건축물 자체가 그 높은 격을 드러내도록 지었습니다. 지금부터 조선 건축술의 정수를 함께 살펴보겠습니다.

건물 아래부터 위로 시선을 천천히 옮겨볼게요. 먼저 가로 2중으

경복궁의 정전, 근정전.

근정전 내부.

로 놓인 월대가 눈에 들어옵니다. 월대 난간은 팔각기둥과 연잎 모양의 짧은 기둥인 하엽동자로 장식했고 석수들도 놓여 있습니다. 사신四神, 즉 청룡, 백호, 주작, 현무를 비롯해서 12지신과 해태, 봉황 등의 석수를 찾아보는 재미가 쏠쏠합니다.

월대 위로 시선을 옮기면 드디어 중층 팔작지붕의 웅장한 건물이 우리 눈앞에 나타납니다. 높은 격을 상징하는 둥근 기둥을 사용했고, 왕의 수인 5칸으로 구성했으며, 공포는 나무를 엇갈리게 맞춰 쌓아 올린 화려한 다포양식으로 지었습니다. 지붕에는 우리의 전통 건축 양식인 양성바름을 했고 잡상들을 놓았습니다. 단청은 어떠한 건물보다 회청을 많이 사용했습니다.

이제 근정전 가까이로 가볼까요? 궁궐에서도 정전에서만 사용할 수 있는 요소들이 눈에 들어오기 시작합니다. 먼저 창문틀의 형태가 예사롭지 않습니다. 꽃살문이라고 부르는데, 역시 정전에서만 볼 수 있지요. 풍요와 다산을 기원하는 포도알갱이로 이루어진 문손잡이도 있습니다. 살짝 들여다본 근정전 내부에는 용상이 가운데 자리하고 그 뒤엔 〈일월오봉도〉가, 용상 주변에는 왕권을 상징하는 의장행사의 의장물, 봉선, 용선 등이 둘러싸고 있습니다.

근정전을 감상하는 세 가지 방법

근정전의 정면에서는 잘 보이지 않지만 측면에서 내부를 바라보면 보이는 것들이 있습니다. 하나는 천장에 있는 두 마리의 황룡 장식입니다. 정전의 옆으로 이동해 내부 천장을 바라볼게요.

아시아의 정치 질서 안에서 황제는 5개의 발톱을 가진 오조룡을, 조선과 같은 제후국의 왕은 4개의 발톱을 가진 사조룡을 상징합니다. 하지만 1592년 임진왜란으로 불타버린 뒤 1865년 고종 때 흥선대원군의 지시로 중건을 시작한 근정전에는 7개의 발톱을 가진 칠조룡을 사용했습니다. 정확한 이유는 전해지지 않습니다. 독특하게도 7개의 발톱을 가지고 있어 칠조룡의 발톱은 총 28개가 되었습니다. 28은 밤하늘의 별자리 수이기도 합니다.

근정전 천장에 새겨진 두 마리의 용은 천문에서 표현한 우주의 중심, 북극성에 해당합니다. 하늘의 황제가 사는 곳인 자미원의 중심에는 북극성이 있습니다. 고대인들은 하늘이 북극성을 중심으로 움직인다고 생각했습니다. 그렇게 하늘의 질서 체계를 상상해냈고, 지상에도 그대로 적용하게 되었던 것이죠. 세상의 중심이 임금인 질서 체계를 말입니다. 임금이 계신 곳이니 그 장소에 황룡이 있는 것은 어찌 보면 당연했을 것입니다.

왕은 늘 남쪽을 향해 앉아야 했습니다. 따라서 왕의 오른쪽은 백호의 자리가 됩니다. 반대편에는 청룡이 있습니다. 근정전 앞 월대를 떠올려볼까요? 근정전을 뒤로하고 오른쪽 월대 난간을 바라보면 백호, 왼쪽엔 청룡, 북쪽에는 현무 그리고 남쪽에 주작이 있는 것은 이와 같은 이치 때문입니다.

근정전 측면에서 내부를 보아야 알 수 있는 다른 하나는 바로 나무입니다. 근정전의 팔작지붕은 그 위용만큼이나 우리나라 목조 기

1 근정전 문살.
2 근정전 칠조룡.
3 근정전 서수.
4 근정전 문손잡이.

와지붕 가운데서도 구조가 복잡하고 따라서 무겁습니다. 그리고 이 무거운 지붕을 소나무와 전나무로 만든 기둥이 지탱하고 있죠. 놀라운 것은 근정전의 바닥부터 천장까지 이어져 있는 나무 기둥에 이음새가 없다는 점입니다. 그렇습니다. 이 기둥은 단 한 그루의 나무입니다. 이 정도의 나무는 흔하지 않습니다. 150년 이상 되어야 기둥으로 사용할 수 있지요. 150년 이상 한반도의 자연이 키운 최고의 목재를 가져다가 조선 최고의 건물을 짓는 데 사용한 것입니다. 값어치는 돈으로 환산할 수 없습니다.

근정전은 마치 조선의 왕을 위한 최고의 선물처럼 보입니다. 하지만 이곳에선 왕이라는 직책의 무게도 느낄 수 있습니다. 근정전 바닥으로 시선을 돌려볼게요. 네모반듯한 타일 모양의 돌들로 바닥이 채워져 있습니다. 잠시 조정 마당에서 근정전으로 향하는 길을 떠올려봅니다. 근정문 근처의 울퉁불퉁한 돌들은 월대에 가까워지면서 점점 반듯해지더니 정전의 바닥에선 완전한 네모로 변모했습니다. 이 반듯한 사각형은 위계와 격의 표현인 동시에 항상 바르게 살아가며 모범을 보여야 하는 왕의 책무를 의미하기도 합니다. 조선의 왕은 이러한 사각형의 무게를 늘 발밑에 두고 살았던 것입니다.

사정전,
깊이 고민하고 정치를 하십시오

경복궁에서 왕이 평상시에 거처하며 실제로 업무를 보던 편전이 바로 사정전입니다. 근정전이 공식적인 행사를 치르기 위한 공간이었다면, 사정전이야말로 왕이 신하들과 함께 업무를 보던 곳이었습니다.

사정전은 근정전 바로 뒤편에 자리합니다. 한 나라 임금의 사무실이라 하기에는 생각보다 작은 규모입니다. 내부를 살펴봅니다. 근정전의 어좌와 비교하면 참 작고 낮은 어좌가 놓여 있습니다. 왕이 높은 어좌에 앉아서 수직적인 관계로 신하를 대하던 근정전과 수평적인 눈높이로 토론하던 곳이 지근거리라는 점이 재미있습니다.

어좌 위에는 용과 구름이 어우러진 그림 〈운룡도〉가 걸려 있습니다. 당시에는 용이 구름을 만나면 비가 내린다고 믿었습니다. 농경 사회에서 비는 너무나도 중요했는데, 비가 내리는 것마저도 왕의 책임이었지요. 왕의 책무는 백성들의 먹고사는 문제를 해결하는 것이었습니다. 그렇게 단비와 같이 중요한 정책들이 이 〈운룡도〉 그림 아래에서 만들어졌습니다.

조선 시대 왕은 어려서부터, 그리고 왕이 된 이후에도 경연이라고 하는 공부를 해나갔습니다. 왕은 최종 결정권자였으므로 모든 책임은 그에게 있었지요. 따라서 어떠한 신하보다 똑똑해야 했고 많은

사정전 내부에 걸린 〈운룡도〉 복제본.

분야를 알아야 했습니다. 경연에는 유교 경전과 역사서를 중심으로 이뤄지는 토론도 빠질 수 없었습니다.

조선 역사상 경연을 가장 많이 한 왕은 세종과 성종입니다. 세종은 경연하기를 즐기기까지 했습니다. 워낙 공부하는 것을 좋아해 오히려 신하들이 임금을 따라가지 못해서 고생스러웠겠지요. 『조선왕조실록』에 기록된 세종 시대의 경연에 대한 기록은 2011건입니다. 실록 전체에 기록된 경연의 수가 1만 4000여 건인 것을 감안하면 약 7분의 1을 세종이 했다는 것이지요.

사정전 동쪽과 서쪽에는 각각 만춘전, 천추전이라는 건물이 있습니다. '만 년의 봄'과 '천 년의 가을'이라는 아름다운 이름들에는 조선이란 나라가 천년만년 지속되기를 바랐던 마음도 담겼습니다. 만춘전과 천추전에는 있지만 사정전에는 없는 것이 있습니다. 바로 굴뚝과 아궁이입니다. 근정전에도 없습니다. 도대체 왜 없는 것일까요?

1395년 태조 이성계가 세운 경복궁은 1592년 임진왜란을 겪으며 화재로 사라지고 고종 재위 시절인 1865년에 다시 중건을 시작합니다. 그렇게 경복궁의 자리는 273년 동안 폐허로 비워졌지요. 중건된 경복궁의 사정전에는 굴뚝과 아궁이가 생겼을까요? 조선의 마지막 날까지 왕이 업무를 본 편전, 사정전에는 온돌이 설치되지 않았습니다. 그저 우연의 일치일까요, 아니면 백성들이 굶어 죽고 얼어 죽는 나라에서 따뜻한 온돌에서 정치를 할 수 없다는 조선 초기 선조들의 다짐이 이어져 온 것이었을까요.

"초심으로 돌아가다"라는 말이 있습니다. 조선을 세운 사람들이 '처음 먹었던 마음'을 경복궁 곳곳에서 살펴본 이번 시간여행, 어떠셨나요? 이 여행에선 경복궁이 지닌 방대한 이야기를 조선 창건 이념을 중심으로 줄이고 줄여 소개했습니다. 비록 창건 당시 모습 그대로는 아닐지라도, 조선을 세우며 선조들이 꿈꿨던 세상은 여전히 '경복'이란 이름으로 남아 있습니다. 600여 년 동안 빛과 어둠의 시간을 겪어온 그곳을 걸으며 그들이 꿈꾸던 나라에 대해 생각해봅니다. _가이드 Y

경복궁		
	주소	서울시 종로구 사직로 161
	찾아가기	지하철 3호선 경복궁역 5번 출구에서 도보 5분
	운영 시간	11~2월 09:00~17:00(입장 마감 16:00), 3~5월·9~10월 09:00~18:00(입장 마감 17:00), 6~8월 09:00~18:30(입장 마감 17:30)
	휴관일	화요일(공휴일과 겹칠 시 다음 날 휴궁)
	입장료	만 25~64세 3000원
	홈페이지	www.royalpalace.go.kr
	인스타그램	@gyeongbokgung_palace_official

더 알아보기

투어의 후반전, 강녕전과 교태전

강녕전의 비밀

사정전 뒤로 왕의 침전인 강녕전과 왕비의 사적 공간인 교태전이 직선으로 이어집니다. 고종 때 흥선대원군이 임진왜란으로 불탄 경복궁을 중건했을 시기에는 왕과 왕비가 각각의 공간을 따로 사용했지만, 조선 초기에는 강녕전에서 함께 지냈다고 합니다.

세종은 민본 정치를 꿈꾸며 훈민정음 창제라는 큰 업적을 남겼습니다. 훈민정음은 세종이 집현전 학자들과 함께 만들었다고 알려져 있으나 최근에는 꽤 다양한 설이 제기되고 있지요. 명나라를 섬기던 사대주의자들의 눈을 피해 우리글을 만들어야 하니 비밀리에 세종과 자녀들, 최측근들만 조용히 만나 진행했을 것이라는 설도 그중 하나입니다. 사람들의 이목을 피할 수 있는 가장 개인적인 공간, 강녕전이 제격이지 않았을까 하고 추측하기도 합니다.

조선 최고의 왕비

교태전은 세종 때 지은 전각으로 당시에는 왕비의 처소가 아니었다고 합니다. 《세조실록》에는 교태전이 많이 언급되는데, 왕이 주로 최측근의 신하들을 불러 논의했던 공간으로 기록되지요. 그렇기에 세종의 부인인 소헌 왕후는 교태전의 주인은 아니었지만 오늘은 그녀의 이야기를 잠시 해보고자 합니다.

소헌 왕후와 결혼할 당시 세종은 왕자의 신분이었던 충녕 대군이었습니다. 태종은 외척을 경계해 왕비의 가문을 멸족시켰다고 하죠. 태종의 장남 양녕 대군이 왕세자에서 폐위되고 세종이 세자로 책봉되면서 소헌 왕후는 세자빈이 되고 왕비가 됩니다. 이와 함께 아버지가 반역죄로 처형당하고, 어머니와 친족들은 관비로 전락하죠. 그럼에도 소헌 왕후는 조선의 왕비로서 책무를 완벽히 해냅니다. 8남 2녀를 낳았는데, 문종은 세종을 빼닮은 분이셨고, 정의 공주는 훈민정음 창제에도 기여했다고 전해지며, 훗날 세조가 되는 수양 대군 또한 문무를 겸비했습니다.

요즘 시대적 관점으로는 이해하기 어려운 일도 해냈습니다. 소헌 왕후는 친자식들의 교육을 후궁에게 맡겼고, 그들의 가족을 자신의 친가족처럼 대했다고 합니다. 그렇게 소헌 왕후는 궁중의 여관女官 제도인 내명부를 조선 역사상 가장 완벽하게 장악하고 다스렸습니다.

창덕궁

세 명의 피의 군주를 마주하는 여행

여정 03

서울시 종로구 율곡로 99

"가장 아름다운 조선의 궁궐"이라 칭송받는 창덕궁昌德宮은 조선의 5대 궁궐 중 유일하게 유네스코 세계유산으로 등재되었습니다. 1405년 태종 집권 시 이궁離宮으로 지은 창덕궁은 임진왜란 때 불타기도 했습니다. 하지만 1610년 광해군 때 다시 복원을 완료한 이후 고종 때 흥선대원군이 경복궁의 중건을 마무리한 1868년까지 조선 왕조 역사에서 가장 오랜 기간 사용한 궁궐이지요. 하지만 오늘은 아름다운 창덕궁이 가진 이면에 대해 이야기하고자 합니다. 오랜 시간 왕의 궁으로 쓰였기에 왕좌를 향한 탐욕 또한 서려 있기 때문입니다. 창덕궁을 욕망으로 물들인 3명의 '피의 군주'를 여기 소개합니다.

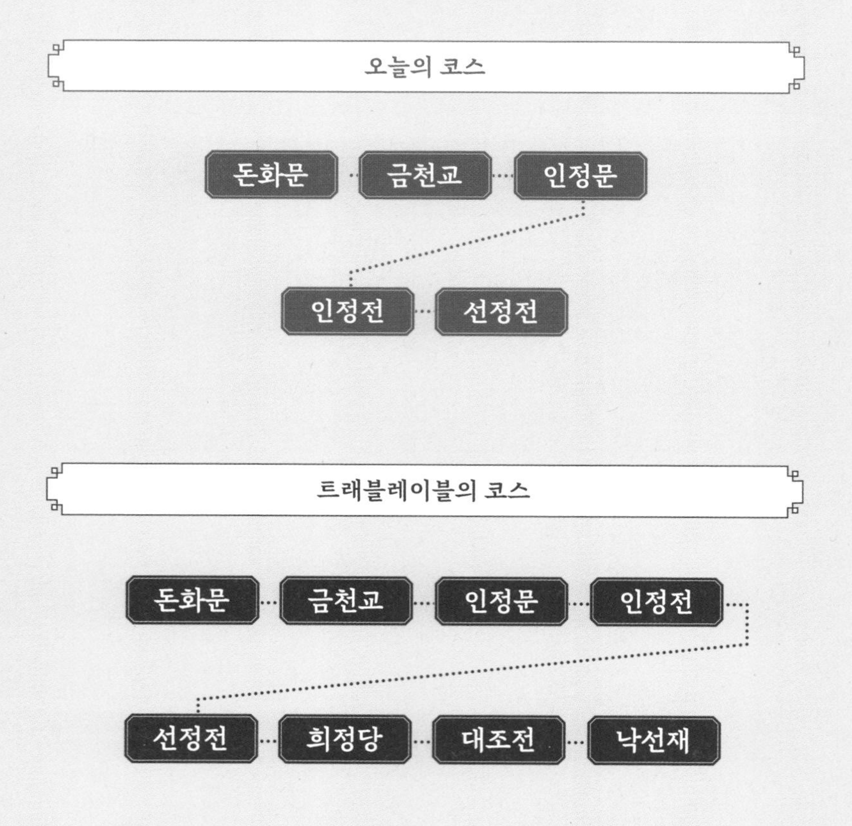

후원
대조전
희정당
선정전
인정전
인정문
낙선재
금천교
돈화문
N

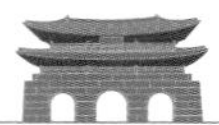

나의 조선은 다르다, 돈화문을 연 태종

"다시 한양에 도읍을 정하고, 드디어 이궁을 짓도록 명하였다."

_《태종실록》 8권, 태종 4년 10월 6일.

태조 이성계는 조선을 세운 뒤 한양에 경복궁을 지었으나 그 뒤를 이은 정종은 전 왕조 고려의 수도였던 개성으로 도읍을 옮겼습니다. 하지만 2차 왕자의 난을 치른 뒤 조선의 3대 왕으로 등극한 태종 이방원은 자신의 조선을 개성에서 이루려 하지 않았습니다. 그는 다시 한양 천도를 단행한 동시에 새로운 궁을 지었습니다. 바로 창덕궁입니다.

조선의 건국 공신 정도전을 숙청한 태종에게 경복궁은 정도전의 그림자가 깃든 곳이었을 것입니다. 그래서 그는 새로운 출발을 위한 다른 궁이 필요했던 것이죠. 그렇게 태종이 즉위한 지 5년 뒤, 단풍으로 물든 새로운 궁에서 태종의 조선이 시작되었습니다.

> "대저 창(昌)이라는 것은 성(盛, 이룰)이요, 덕(德)이라는 것은 도(道, 길)이다. 성은 성(聖, 성스러울)이요 도 또한 성스럽다. 인군은 창덕에 힘써야 한다. 큰 덕은 반드시 오래가 만방에 미치리라."
>
> _《창덕궁지》, 『궁궐지』(1908년 편찬 추정)

'창덕'의 뜻은 선한 것을 이루는 것이고 선한 것은 성스러운 것이니 왕실은 백성에게 성스러운 덕을 끼쳐야 한다는 뜻입니다.

금천을 넘어 왕의 길을 걷다

금천교는 왕과 신하의 공간을 구분 짓는 역할을 했습니다. '검증된 신하들의 나라'가 조선을 이끈다고 여긴 정도전과 달리, '총명한 왕이 나라의 중심이어야 한다'고 생각한 태종은 끝내 왕권 중심의 조선을 만들고 신하와 구분된 왕으로 금천을 건넜을 것입니다. 현재 창덕궁의 금천은 말랐지만, 과거엔 물이 흐르며 새롭게 시작된 태종

다리를 건너 왕의 공간으로, 금천교.

의 조선을 상징했을 테죠.

그러나 태종은 1차, 2차 왕자의 난을 거치면서 이복형제들, 정도전과 그 일파를 죽이며 권력을 장악했고 왕위에 오른 뒤에도 피의 숙청을 멈추지 않았습니다. 태종은 두 번의 외척 청산을 단행합니다. 태종이 왕의 자리에 오르는 것을 기꺼이 도운 원경 왕후의 오빠 민무구와 민무질의 불충을 트집 잡아 독약을 내려 스스로 죽게 합니다. 심지어 아들 세종에게 양위 후 상왕으로 물러났을 때도 인사권과 병권을 손에 쥐고 세종의 외척인 심온을 처단했지요. 그의 칼끝에는 언제나 왕권을 강화하기 위한 피가 흘렀습니다.

하지만 태종이 피로써 왕권을 일군 것은 사실이나 창덕궁에서 펼친 정책은 달랐습니다. 태종은 정치적 이념이 달라 정도전을 끝내 죽이고 정도전의 사상으로 점철된 경복궁이 싫어 창덕궁을 지었으나, 정도전이 그린 조선의 국정 시스템은 부정하지 않았습니다. 오히려 그의 정책을 확대하고, '총명한 왕' 중심으로 운영 시스템을 강화했지요. 심지어 청계천도 태종 때 만든 인공 개천이었습니다. 비가 오면 물이 범람하던 한양의 지형적 문제를 해결하기 위해서였죠.

약 20편의 드라마와 영화로 태종 이방원과 조선 건국의 이야기가 만들어졌습니다. 하나같이 태종을 잔인하게 왕좌를 쟁취한 왕으로 묘사하다, 태종의 말로는 조선의 성군이 될 아들을 알아보고 그 능력을 펼칠 수 있도록 가르치는 스승이자 강한 왕권을 물려주는 아버지의 모습으로 마무리합니다. 세종 또한 아버지 태종이 다져준

강한 왕권을 기반으로 성군의 뜻을 펼칠 수 있었기 때문이죠.

한 가지 확실한 것은 태종은 대의를 위해 악역을 자처한 인물이었고, 태종이 염원했던 왕 중심의 조선이 이곳 창덕궁에서 시작되었다는 것입니다.

"만세의 악업은 내가 가져갈 터이니, 주상은 성군이 되시오."

_드라마 〈태종〉

폐군의 길을 선택한 연산, 인정전에 오르다

조선 왕의 즉위식은 때에 따라 3가지로 나뉩니다. 양위와 사위, 반정입니다. 양위는 선왕이 살아생전 세자에게 모든 권한을 넘기는 것, 사위는 왕이 죽은 뒤 후계자가 그 뒤를 잇는 것, 반정은 현 왕의 자격이 의심될 때 왕을 몰아내고 새로운 왕을 세우는 것이죠.

금천교를 건너 왕의 길을 따라가 봅니다. 좌측에 인정문이 등장하고, 인정문 너머로 왕의 신성함과 지엄함의 상징인 인정전과 조정마당이 당당한 기세를 드러냅니다.

여기 창덕궁의 정전인 인정전에서 조선 왕조 최초 반정의 원인이 된 왕이 즉위합니다. 바로 최악의 군주이자 폭군으로 평가받는 연산

연산군의 즉위식이 열렸던 창덕궁의 정전, 인정전.

군입니다. 연산군은 인정전에서 즉위한 최초의 군주이자 최고의 혈통을 의미하는 적장자, 즉 중전의 장자로 그 존재 자체가 강한 왕권을 상징했습니다. 그런 연산이 재위 초기에는 "영명한 왕"이라는 칭송을 받을 정도로 뛰어났다는 사실을 알고 계시나요? 당시 연산은 가난한 백성을 돕고 국방을 강화했으며, 왕의 업적 가운데 본받을 내용을 정리한 『국조보감』, 조선 지리서라 불리는 『동국여지승람』 등의 서적을 완성하는 등 많은 업적을 이루며 성군의 자질을 보였습니다. 그랬던 그가 도대체 무슨 일로 인간의 탈을 쓴 악마처럼 타락한 것일까요?

참혹한 사화,
피로 물든 창덕궁

많은 사람이 연산의 역린은 생모 폐비 윤씨에 대한 비밀을 알고 비애와 복수심에서 시작됐다고 말합니다. 그러나 연산의 첫 피바람은 어머니와 관련된 이유가 아닌, 왕실의 정통성에 대해 의구심을 품은 신하를 향한 폭정이었습니다.

연산 4년 7월 15일, 훈구파 유자광이 김종직의 〈조의제문〉 내용을 트집 잡으며 왕에게 아뢰었습니다. 〈조의제문〉은 세조가 조카 단종에게서 왕위를 빼앗은 사건을 토대로 세조의 정통성 논란을 제기한 내용이었습니다. 연산은 평소 신하들의 도전을 참지 못하는 성격이었죠. 화가 난 연산은 관련된 사림 일파를 모두 색출해 벌하고 김일손 같은 주요 인물들은 능지처참했습니다. 게다가 〈조의제문〉을 쓴 김종직은 이미 사망해 능지처참할 수 없으니, 시신을 꺼내 처참히 자르는 부관참시를 명했습니다. 이 사건으로 영남 사림파가 몰락했고, 이후 역사는 무오년에 사림이 화를 당했다 하여 이 사건을 '무오사화'로 기록합니다. 이 일을 계기로 연산은 공포 정치의 맛을 보게 되고, 그로부터 6년 뒤 가장 참혹한 사화로 불리는 '갑자사화'가 발발합니다.

갑자사화는 연산이 드디어 어머니인 폐비 윤씨의 사건을 수면 위로 꺼내며 관련 인물들에게 죄를 물은 사건입니다. 그 화살은 아버지 성종의 후궁과 대비에게로 향합니다. 그리고 연산의 광기 어린 살육이 시작되죠. 폐비 윤씨를 모함해 사사하게 했다며 대비에게 죄를 묻고, 아버지 성종의 후궁인 귀인 정씨와 귀인 엄씨는 그녀들의 아들들에게 맞아 죽게 만듭니다. 또한 사건에 연루된 신하 중 일부는 그 시신을 가루로 만들어 바람에 뿌리는 쇄골표풍까지 행함으로써 피의 폭정이 절정에 달했죠. 이렇게 연산의 광기가 극에 달했던 갑자사화 시기 전후, 그는 무당굿과 빙의에 사로잡혀 괴이한 행동을 일삼았다 합니다.

모두가 외면한 연산군의 마지막

연산은 음주가무를 지나치게 사랑한 왕이었습니다. 게다가 예술적 자질도 뛰어났죠. 그의 일상에는 언제나 술과 산해진미, 음악과 공연 그리고 여색이 빠지지 않았습니다. 특히나 연산은 채홍사라는 특별 기관을 만들어 전국 각지에서 예능이 뛰어난 미인들을 색출해 바치게 했는데, 그렇게 모은 여인들을 '운평'이라 칭했습니다.

운평 중에도 빼어난 미모와 실력을 자랑하는 무리를 구분 지어 '흥청'이라 불렀고, '흥청'은 입궐해서 예인이자 궁녀로서 왕을 모시게 했습니다. 흥청과 운평의 수가 대략 2000~3000명에 달했다고 기록되어 있습니다. 연산에겐 흥청과 연회를 즐기고 술과 여색에 취하는 일이 일상이었죠.

그는 조선 역사를 통틀어 빼어난 무대 연출가였고, 심지어 공연의 주인공을 연기하는 배우이자 둘도 없는 호색한이었습니다. 궁녀와 흥청을 밤낮으로 취하는 것은 물론이거니와 비구니들을 겁탈하는 일도 잦았습니다. 궁의 여인들은 모시던 왕이 승하하면 비구니가 되어 여생을 보내는 일이 많았기 때문에 연산이 겁탈한 비구니 중 왕실 여인이 대다수일 것이라는 말도 있습니다. 게다가 백성들에게 세금을 무리하게 거둬들여 흥청과 노는 연산이 나라를 망하게 한다 하여 '흥청망청'이란 말이 생기기도 했죠.

연산군 즉위 12년 9월 2일. 결국 연산은 신하들의 반정으로 폐위를 당합니다. 왕위에서 쫓겨난 쾌락 군주는 폭정을 일삼던 그의 모습과는 다르게 벌벌 떨며 살려달라 애걸복걸했다고 합니다. 그렇게 옷매무새도 다듬지 못한 연산은 귀양길에 오릅니다. 양반들이 타던 평교자를 타고 돈화문을 나와 고개를 푹 숙인 채 강화도 교동으로 향하는데, 연산에게 원망을 품었던 도성 안 백성들이 모여 한목소리로 연산을 비하하는 노래를 불렀다고 합니다.

> "충성이란 사모요 거동은 곧 교동일세
> 일만 흥청 어디 두고 석양 하늘에 뉘를 좇아가는고
> 두어라 예 또한 가시의 집이니 날 새우기엔 무방하고 또 조용하지요"
>
> _《연산군일기》 63권, 연산 12년 9월 2일.

"충신들은 어디 가고 유배지 교동으로 가고 있는가? 일만이나 되던 연산군의 기생 흥청들은 어디 두고 해 지는 길에 누굴 쫓아가는가? 그냥 둬라, 교동 또한 가시울타리 집이니 밤새워 놀기 좋고 조용히 죽기 좋지 않나?"

당시 백성들 또한 연산의 추한 행태를 알고 있었던 터라 그의 광기 어린 쾌락의 시대가 끝났음을 환영한 것이죠. 그는 유배된 지 두 달 만에 병으로 생을 마감했습니다.

광기에 사로잡혔던 연산도 그의 말로를 예상했을까요? 《연산군일기》에 그가 폐위당하기 19일 전 이런 말을 한 기록이 남아 있습니다.

"다만 내가 두려워하는 것은 역사뿐이다."

_《연산군일기》 63권, 연산 12년 8월 14일.

세자 광해, 선정전처럼 빛나다

조선 왕조 500년 동안 두 번의 반정이 있었습니다. 연산군을 폐위시킨 '중종반정', 광해군을 폐위시킨 '인조반정'입니다. 연산군과 광해군은 왕위에서 쫓겨났기 때문에 종묘에 안치되지 못하고 묘호가 아닌 군의 이름으로 남겨졌습니다.

창덕궁 선정전은 왕의 편전으로 만든 공간입니다. 지금의 선정전은 유일하게 과거의 모습 그대로 푸른색으로 빛나는 청기와 지붕을 간직하고 있지요. 광해군을 폐위시키고 왕위에 오른 인조는 광해군의 상징이자 푸른 기와로 뒤덮여 있던 인경궁의 전각을 헐어 그것을 창덕궁과 창경궁을 복원하는 데 사용했습니다. 순조 때 화재로 창덕궁과 창경궁의 전각이 거의 불탔지만 선정전만큼은 화재에서 살아남아 인경궁에서 옮긴 모습 그대로 빛나고 있는 것이지요.

1592년 발발한 이래 1598년까지 이어진 임진왜란은 조선을 피폐하게 만들었습니다. 그러나 이때 민심을 수습하고 국가를 재정비한 광해는 전쟁 영웅으로 떠오르게 됩니다.

광해군이 세자가 된 데는 비하인드 스토리가 있습니다. 원래 선조는 광해를 세자의 재목으로 생각하지 않았습니다. 더군다나 광해군의 생모인 후궁 공빈 김씨가 세상을 떠나자, 광해와 그의 동복형 임해군은 찬밥 신세가 되었죠. 그러나 계속된 왜군과의 전쟁으로 나라의 존속이 위태로워지자 선조는 명나라로 피난길에 오릅니다. 이때 피난길에 오른 선조의 국정과 조선에 남은 광해의 국정으로 나누는 분조를 단행합니다. 조선 땅의 국정을 세자 광해에게 떠넘긴 것이죠. 그렇게 선조는 도망치고 하루아침에 왕세자가 된 광해는 전란으로 어지러워진 조선 땅에 남았습니다.

전란 속 백성들의 삶은 처참했고 광해 또한 길거리에 몸을 뉘며 하루하루를 보내야 했습니다. 하지만 백성들과 동고동락하는 광해의 모습에 백성들은 안도합니다. 이런 역경에도 왕세자가 직접 찾아와 함께해주니 백성들은 기뻤던 것입니다. 그런 날이 하루하루 이어지자 광해는 달라집니다. 전국을 발로 뛰며 행정 시스템을 복원하려 노력했고, 백성들의 새로운 군주이자 희망으로 피어났습니다.

선정전의 지붕이 된 인경궁의 푸른 기와.

백성의 편에 선 광해

훗날 광해는 왕으로 즉위했으나 선조는 눈을 감기 직전까지 광해를 인정하지 않았습니다. 인목 왕후의 소생으로 선조의 유일한 적자인 영창 대군에게 왕의 자리를 물려주고 싶어 했죠. 그런 탓에 왕이 된 광해에게도 어린 이복동생인 영창 대군의 존재는 위협적일 수밖에 없었습니다. 게다가 광해는 전란 중에 임시로 왕세자로 책봉되었기 때문에 명나라 황제의 승인을 받지 못한 상태였습니다.

정당성을 말끔하게 확보하지 못한 상황에서도 광해는 조선의 군주로서 백성을 위한 정치를 펼칩니다. 특히 세금을 쌀로 통일하는 대동법과 토지 조사를 위한 양전 사업은 양반과 지주층의 반발이 거셌지만, 민심이 왕의 편에 섰기에 시행할 수 있었습니다.

광해의 중립 외교 정책은 근현대에 이르러 재평가받기도 합니다. 당시 지는 해였던 명나라와 신흥 국가였던 후금, 즉 훗날의 청나라 사이에서 조선 백성의 편에 선 것이죠. 명나라와 후금의 싸움으로 명나라에서 지원 병력을 보내라 명했지만 광해는 거절했습니다. 조선 왕조 역사상 군신 관계에서 명 혹은 청의 요구를 이리도 단호히 거절한 왕은 광해군이 유일합니다. 그러나 계속된 명나라의 요구에 광해는 병력을 파견합니다. 명나라의 첫 요구가 있은 지 7개월 후의 파병이었죠. 파견과 동시에 광해는 파병군 사령관 강홍립에게 밀명을 내립니다.

"행세를 보아 행동으로 결정하라. 명 장수의 말을 따르지 말고 오로지 지지 않는 방도만 강구하라."

_《광해군일기》 중초본 137권, 광해 11년 2월 3일.

광해, 반정의 빌미를 보이다

그러나 광해는 재위 기간 내내 정통성에 대한 압박을 견뎌내야 했습니다. 특히 광해군의 왕위 계승은 장자 계승의 원칙에서 벗어난 것이고 아직 명나라의 승인을 받지 못했기 때문에 언제나 불안감에 사로잡혀 지냈죠. 결국 광해는 그에게 위협적인 존재들을 제거하기 시작합니다. 그 첫 번째가 바로 친형인 임해군으로 역모 사건과 엮어 유배를 보냅니다. 그리고 얼마 뒤 임해군이 유배지에서 숨을 거뒀다는 소식을 듣게 되지요. 그러나 광해는 어떤 동요도 없었습니다. 형의 죽음이라기보다는 그를 위협한 장애물이 사라졌다는 생각뿐이었을까요. 그 뒤 명나라 황제로부터 조선의 왕이라는 승인을 받으면서 그를 괴롭히던 정통성의 불안감은 해소됩니다.

그러나 존재 자체만으로도 광해군에게 위협적인 인물이 하나 더 있었습니다. 선조의 유일한 적자, 바로 영창 대군입니다. 광해군은 영창 대군을 왕위에 올리려 역모를 꾸미는 세력이 있다는 정보를 얻게 되고, 역모 세력을 처형한 후 겨우 여덟 살밖에 안 된 영창 대군을 유배 보냅니다. 그리고 얼마 지나지 않아 영창 대군 역시 유배지에서 죽고 말죠. 그런데 영창 대군의 죽음과 관련된 충격적인 기록이 있습니다.

> "영창 대군이 귀양 가자 정항이 살해했다. 대군이 죽을 때의 나이가 아홉 살이었다. 정항이 강화 부사로 도임한 뒤에 대군에게 양식을 주지 않았고, 주는 밥에는 모래와 흙을 섞어 주어서 목으로 넘어갈 수 없도록 했다. …(중략)… (어떤 사람이 말하기를) '정항은 그가 빨리 죽지 않을까 걱정하여 그 온돌에 불을 때서 아주 뜨겁게 해서 태워 죽였다'."

_《광해군일기》 중초본 74권, 광해 6년 1월 13일.

그러나 이런 증언에도 불구하고 영창 대군의 죽음에 대한 조사는 이뤄지지 않았습니다. 오히려 역모 사건의 배후로 지목된 영창 대군의 어머니이자 광해군의 계모인 인목 대비를 강등시키고 경운궁(덕수궁)에 유폐시키기까지 했지요. 유교를 정치 이념으로 삼은 나라에서 군주가 절대로 해서는 안 될 패륜이었습니다. 거침없이 폭주하는 광해의 행보에 많은 이가 등을 돌렸지만 그의 불안증은 쉬이 가라앉지 않았습니다.

인왕산 자락 아래 왕기가 서렸다는 말을 들은 광해군은 창덕궁과 창경궁 복원에 이어 엄청난 규모로 2개의 궁을 더 짓게 했습니다. 지금은 흔적도 없이 사라진 '인경궁'과 경복궁의 서쪽에 있다 하여 '서궐西闕'이라고도 한 '경덕궁(경희궁)'입니다.

대규모 공사가 계속되면서 국고가 비자 광해는 막대한 수량의 건축 재료를 내면 당상관 자리까지 내어주는 매관매직을 진행했습니다. 이를 '오행당상'이라 했는데, 불, 물, 나무, 쇠, 흙 5가지 종류의 재료를 바쳐 따낸 당상관이라는 뜻입니다. 맞습니다. 지금 우리가 흔히 쓰는 "따 놓은 당상이다!"라는 말의 시작이었습니다.

효와 충을 무엇보다 귀중한 덕목으로 여기던 조선에서 폐모살제廢母殺弟, 즉 어머니를 쫓아내고 동생을 죽이는 패륜을 저지른 데다 미신에 사로잡혀 무리하게 궁까지 재건하자, 이 모든 것이 반정의 빌미가 되고 민심이 떠나는 결정적 이유가 되었습니다. 그렇게 광해는 1623년 인조반정으로 인해 왕으로서 그의 역사에 마침표를 찍게 되었죠. 그 후 빛을 잃어버린 광해는 폐주가 되어 유배지를 전전하다 1641년 음력 7월 1일 제주도에서 생을 마감합니다.

제주에는 음력 7월 1일이면 삼복더위를 잠시 식혀주는 비, '광해우'가 내린다는 이야기가 전해집니다. 그의 비통함을 이해하고 측은하게 바라보았던 제주 사람들이 그를 추모하는 마음에 붙인 이야기겠지요.

비록 광해의 흔적은 창덕궁의 한편에서 선정전의 지붕으로 빛나고 있지만, 그의 말로를 떠올리면 날이 좋을수록 반짝이는 선정전의 기와가 가슴 시리게 느껴집니다. _가이드 K

창덕궁		
	주소	서울시 종로구 율곡로 99
	찾아가기	지하철 3호선 안국역 3번 출구에서 도보 5분
	운영 시간	2~5·9~10월 09:00~18:00(입장 마감 17:00), 6~8월 09:00~18:30(입장 마감 17:30), 11~1월 09:00~17:30(입장 마감 16:30)
	휴관일	월요일(공휴일과 겹칠 시 다음 날 휴궁)
	입장료	만 25~64세 3000원
	홈페이지	www.cdg.go.kr
	인스타그램	@cdg_palace

근대식 궁의 흔적, 희정당.

더 알아보기

창덕궁의 비하인드 스폿

창덕궁 희정당, 대한제국의 흔적

1907년 경운궁(덕수궁) 돈덕전에서 고종 황제가 순종 황제에게 자리를 내어주는 강제 양위식이 진행되었습니다. 일본의 협박으로 이루어진 일입니다. 그 후 순종 황제는 일제에 의해 창덕궁으로 강제 이어移御를 당했고, 이에 따라 창덕궁은 1907년부터 대한제국의 법궁 역할을 하게 되며, 궁의 내부는 근대식 궁의 형색을 갖추게 됩니다.

대표적인 전각이 희정당입니다. 희정당의 입구는 황제의 어차가 정차할 수 있도록 돌출된 현관이 설치되어 있습니다. 게다가 희정당의 내부에는 샹들리에와 각종 서양식 가구가 자리합니다. 희정당은 내부 관람이 제한되어 있으나 특별 기간 동안 문을 열기도 하니, 기회가 된다면 방문해 대한제국의 궁을 경험해보시기 바랍니다.

창덕궁 대조전, 망국이 되어버린 현장

희정당 뒤편엔 왕비의 침전이었던 대조전이 위치합니다. 대조전은 조선 왕조의 마지막 황제 순종이 승하한 장소이자 대한제국이 망국의 역사로 막을 내린 장소입니다.

1910년 8월 22일, 창덕궁 대조전 동쪽에 위치한 흥복헌에서 대한제국의 마지막 어전회의가 열렸습니다. 당시 내각 총리대신 이완용과 제3대 통감 데라우치 마사타케가 어전회의를 열어 순종 황제에게 강제로 '한일합병조약' 문서에 옥새를 찍으라고 강요합니다. 그러나 이때 순종 황제의 비인 순정효 황후가 옥새를 치마폭에 숨겨 누구도 손대지 못하게 하자, 그녀의 숙부이자 친일파였던 윤덕영이 치마폭에서 옥새를 빼앗아갔고, 결국 문서에 도장이 찍혔다는 이야기도 있죠.

친일파 일당들과 통감 마사타케는 이 문서를 가지고 있다가 일주일 뒤인 1910년 8월 29일 문서를 발표하며 일본제국과 대한제국은 합의로 합병되었다고 공포합니다. 대한제국의 모든 것이 무너지고 일제 강점기 35년의 고통이 시작되는 현장이었습니다.

여정 04

창경궁

기록되지 않은 두 세자의 죽음을 향한 여행

서울시 종로구 창경궁로 185

창덕궁과 함께 동궐東闕이라 불리는 작은 궁궐이 있습니다. 세종이 즉위한 후 상왕이 된 태종이 머물던 수강궁이 그 전신으로, 성종 대에 증축하고 창경궁이라 이름 붙였습니다. 창경궁은 성대할 창昌, 경사 경慶 자를 써서 '성대한 경사가 넘쳐나는 곳'이라는 뜻을 지닙니다. 하지만 창경궁에 어둠이 찾아오면 말 못 한 속사정을 품은 전각들의 이야기가 피어납니다. 창경궁만이 간직해 온 비밀스러운 이야기 속으로 여러분을 초대합니다.

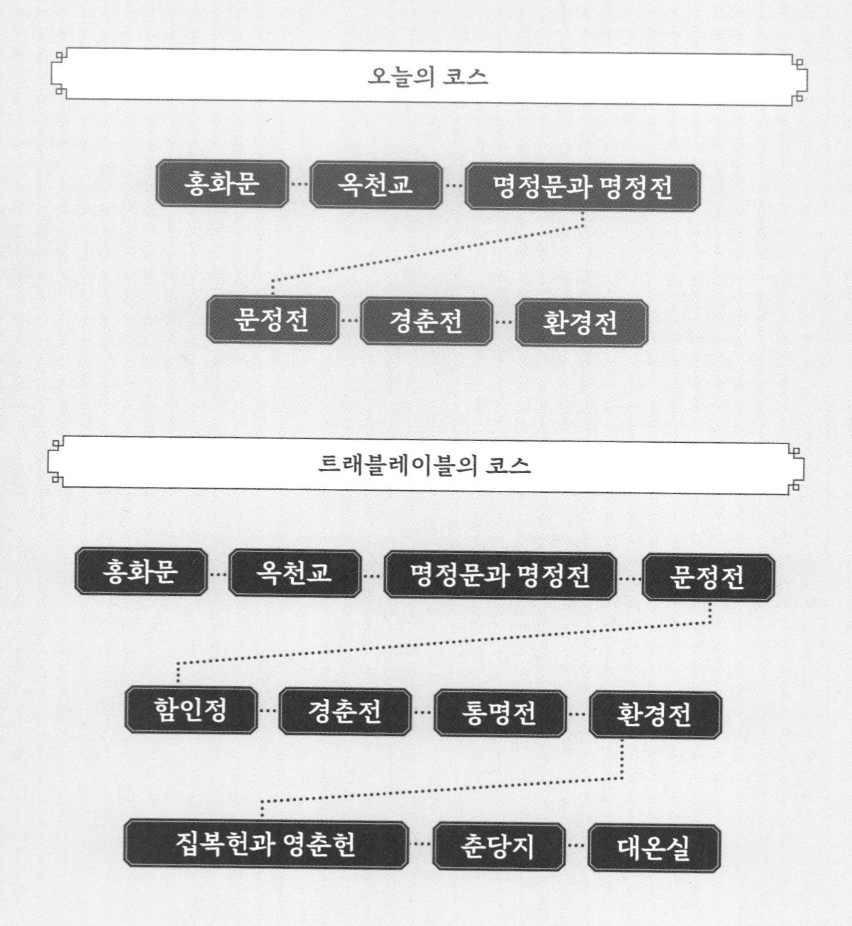

대온실
춘당지
집복헌 영춘헌
통명전
환경전
경춘전
함인정
명정전
명정문
옥천교
홍화문
문정전
N

낮과 밤이 만나는 시간엔 홍화문으로

도로를 사이에 두고 서울대학교병원과 마주한 궁궐이 있습니다. 바로 오늘의 여행지, 창경궁입니다. 여행은 궁의 정문, 홍화문에서 출발합니다.

"불리는 대로 쓰인다"라는 말을 들어보셨나요? 우리 민족은 예부터 뜻을 담아 이름을 지었습니다. 서구권의 작명법과는 확실히 다르지요. 영국 왕실의 공식적인 사무실이자 주거지인 '버킹엄 궁전 Buckingham Palace'의 경우, 이름만 들어도 버킹엄 공작의 저택으로 지었다는 것을 직관적으로 알 수 있습니다. 하지만 우리는 예부터 이름의 뜻을 중요하게 여겼습니다.

'홍화문'도 마찬가지입니다. 넓힐 홍弘, 조화로운 화化의 뜻을 지

서울대학교병원 4층 테라스에서 내려다본 창경궁.

녀 "천지를 밝히고 덕의 조화를 넓혀 보살핀다"라는 『서경』의 말을 빌려왔습니다. 과거 홍화문 앞은 넓은 마당이었기 때문에 그 이름처럼 백성과 왕실이 서로 어울리는 열린 공간이었습니다. 정조 19년인 1795년에는 어머니 혜경궁 홍씨의 회갑을 기념하며 정조가 홍화문 앞에 친히 나와 백성들에게 쌀을 나누어주기도 했습니다.

어느덧 창경궁에도 슬슬 어둠이 찾아오고 있네요. 낮과 밤이 만나 해가 저물고 어스름해질 때를 일컬어 '황혼'이라 합니다. 프랑스에서는 "개와 늑대의 시간"이라고도 하죠. 저 멀리 다가오는 것이 개인지 늑대인지 알기 힘든 푸르스름한 밤을 말합니다.

창경궁의 황혼은 생과 사가 만나는 시간입니다. 짙은 어둠 속에선 신분의 차이도, 가족의 위계도 지워지고 사람의 형태만 남을 뿐입니다. 그래서 황혼은 욕망이 드러나는 시간이기도 합니다. 우리는 곧 창경궁에서 일어난 두 번의 죽음을 만나게 될 것입니다. 홍화문 밖에서는 백성과의 조화를 꿈꾸었지만 정작 왕실에선 서로를 이해하지 못했던 사람들의 기록되지 않은 이야기를 만나러 떠나볼게요.

짙은 옛 향기, 옥천교에서 명정전까지

창경궁에 밤이 찾아오기 전, 우선 이 궁에 대해 설명해드리려 합니다. 홍화문 정문을 통과해서 옥천교를 통해 내川를 건너볼게요. 이 작은 내는 물 흐르는 소리가 옥구슬처럼 아름답다 하여 옥류천이라고 부릅니다. 옥천교는 1484년 성종 때 지은 다리로, 처음 축조되었을 당시 모습을 그대로 간직하고 있습니다. 여행의 시작점이었던 홍화문 또한 임진왜란 때 소실되어 1616년에 광해군이 재건한 모습을 유지하고 있지요.

옥천교를 건너면 과거로 여행을 온 듯 빛바랜 명정문과 명정전이 등장합니다. 왕과 신하의 공간을 구분하는 내를 지났으니 이제 왕의

왕과 신하의 공간을 구분하는 옥천교.

공간으로 들어선 거지요. 명정문과 명정전은 홍화문과 마찬가지로 임진왜란 이후 광해군 때 지은 모습을 유지하고 있는데, 5대 궁을 통틀어 몇 안 되는 옛 흔적을 가진 전각입니다.

창경궁은 왕실의 주거 공간으로 지은 궁이기에 정사를 위한 공간의 비중이 적습니다. 그 때문에 경복궁이나 창덕궁에 비해 화려함이 덜하고 궁에서 따르는 원칙 또한 다른 궁에 비해 간소합니다.

먼저 명정전으로 가볼게요. 명전문을 통과했다면 조정 마당을 지나 계단을 오르면 됩니다. 명정전은 창경궁의 정전으로 공식적인 의

창경궁의 정전, 명정전.

례와 행사를 진행한 공간입니다. 그러나 다른 궁의 정전에 비해 규모가 작고, 자연히 조정 마당의 크기도 작습니다. 또한 왕의 궁궐은 남향으로 짓는 것이 원칙이지만 창경궁은 자연 지세에 맞춰 동향으로 지었습니다. 조선의 궁엔 삼문三門의 원칙이 있는데, 정문에서부터 3개의 문을 통과해야 정전을 만날 수 있다는 것입니다. 하지만 창경궁은 그 과정을 축소해 홍화문과 명정문만 통과하면 정전이 나오는 구조입니다.

명정전 가까이 올라서서 숨을 깊이 들이마셔 보세요. 코끝을 자극하는 짙은 나무 향이 느껴질 겁니다. 또한 고개를 들어 단청을 바라보면 빛바랜 색이 전각의 세월을 말해주지요. 오로지 창경궁에서만 느껴볼 수 있는 옛것의 매력입니다.

문정전 앞,
아로새겨진 비극

이제 창경궁에도 어둠이 푸르게 내리고 있네요. 명정전 왼쪽에 자리한 전각으로 걸음을 옮길 차례입니다. 창경궁의 조명은 조도를 낮춰 과거 왕실 사람들이 살던 곳의 느낌을 살렸다고 하니 발밑을 조심하세요.

문정전은 1980년대에 복원한 전각입니다. 일제 강점기에 촬영한 사진을 살펴보면 지금의 문정전 자리에는 서구식 건물이 세워져 있었지요. 일제 강점기에 헐려 나가기 전, 문정전은 또 다른 비극을 머금었습니다.

1762년 7월 4일, 무더운 여름날이었습니다. 문정전 앞마당에서 영조가 세자에게 말합니다.

"자결하거라."

이에 세자는 자결하려 하지만 주변에서 만류합니다. 그러자 영조가 소리칩니다.

"뒤주를 가져오너라!"

세자는 분이 차올라 뒤주 안에 들어가 몸을 웅크립니다. 그러자 영조는 자기 손으로 뒤주에 못질을 하기 시작합니다. 그 무더운 여름날, 문정전 앞마당에 못 박는 소리가 울려 퍼집니다. 우리가 흔히 드라마나 영화를 통해 만난 영조와 사도세자의 이야기죠.

조선 왕조 역사상 가장 비극적인 사건입니다. 이 부자는 무엇 때문에 이토록 끔찍한 이야기를 남기게 된 걸까요? 『조선왕조실록』을 토대로 본다면 이 사건의 원인은 세자의 잘못에서 찾을 수 있습니다. "세자가 정신적으로 병이 심각해 사람들을 죽이고 결국엔 역모

임오화변의 무대, 문정전.

까지 꾀했기에 영조는 세자를 버리기로 결심했다"라고 해석하고 있죠. 그러나 왜 하필 뒤주에 가두어 굶겨 죽이는 끔찍한 방법을 선택한 것인지는 알 수 없습니다. 왜냐하면 갈등의 상세한 내막은 『조선왕조실록』에 기록되어 있지 않기 때문입니다.

실록에는 '뒤주'도 언급되지 않습니다. 세자를 벌해야만 하는 이유가 적힌 전교 또한 사관이 꺼려 쓰지 못했다고 기록했습니다. 게다가 『승정원일기』에서 세자의 죽음과 관련된 기록은 지워졌습니다.

> "그리고 왕세손은 곧바로 할아버지 영조에게 상소를 한다. 내용은 이러했다. '실록 기록은 영원히 남아 있으니 승정원일기에서만은 (사도세자의 부분을) 삭제해주소서.' 그날 영조는 뒤주에 갇혀 죽기까지 경위를 적은 승정원일기를 세초하라고 지시했다."
>
> _《영조실록》 127권, 영조 52년 2월 4일.

즉, 세손이었던 이산, 훗날 정조가 사도세자의 기록을 『승정원일기』에서 삭제해달라고 영조에게 청했고, 영조가 이를 받아들입니다. 하지만 여러 야사를 통해 기록에서 지워진 그날의 이유를 유추해볼 수 있습니다. 특히 사도세자의 비행을 상세하게 서술하고 그가 뒤주에 갇혔다는 이야기까지 언급한 기록을 주목해볼게요. 바로 세자의 빈이었던 혜경궁 홍씨의 일기 『한중록』입니다. 한중록을 토대로 그날의 비극에 얽힌 아버지와 아들 사이를 이해해보도록 하겠습니다.

잃어버린 관계,
아버지와 아들

영조의 왕좌는 평탄하게 시작되지 않았습니다. 형 경종이 죽자 노론의 비호를 받으며 왕이 되었죠. 그런 영조에게는 평생 꼬리표가 따라다녔습니다. "형을 독살했다.", "어머니가 천한 무수리 출신이다." 그런 탓에 그는 일평생을 왕으로서 책잡히지 않기 위해 원칙적이고 철저하게 국정을 운영하려는 노력을 기울였습니다.

영조는 누구보다 안정적인 왕권을 원했기에 자신의 뒤를 이을 아들이 태어나길 간절히 바랐죠. 하지만 그의 첫아들이 어린 나이에 세상을 떠났고, 그의 나이 마흔한 살 때 늦둥이 아들인 이선이 태어납니다. 영조는 너무나 기쁜 나머지 선이 태어난 이듬해, 두 살의 어린 나이임에도 불구하고 세자로 책봉합니다. 기록에는 어릴 적 세자는 영민하고 정의로운 아이였다고 합니다. 영조는 세자의 총명함을 보며 뿌듯해했고 세자만큼은 평탄한 길을 걷길 원했습니다. 세상의 모든 부모 마음이 그런 것처럼 영조도 세자를 향해 이런 생각을 하지 않았을까요? '넌 나처럼 살면 안 돼.'

그런 영조의 기대감이 세자에겐 점점 압박으로 다가왔을 것입니다. 세자는 무예와 예술을 좋아했다고 합니다. 그런 세자에게 영조는 핀잔을 놓으며 완벽한 군주가 되기 위한 공부의 중요성만 강요했죠. 기대를 걸었던 아들이 자신이 원하는 방향으로 걷지 않아 실망하는 아버지, 존경했던 아버지의 애정을 잃어버린 아들. 이 둘의 관계는 점점 돌이킬 수 없게 됩니다.

영조는 여러 차례 양위 파동을 일으킵니다. 실제로 그럴 의사가 전혀 없으면서 세자에게 양위, 즉 임금의 자리를 물려주겠다고 한 것이죠. 일단 왕이 양위를 선언하면 세자와 신하들은 왕에게 뜻을 거두라고 간청해야 합니다. 이런 실랑이를 통해 영조는 신하들의 충성심을 검증하고 불충의 무리는 걸러냈습니다. 문제는 다섯 번의 양위 파동이 약 10년에 걸쳐 이루어졌고, 양위를 거론할 때마다 세자는 비가 오나 눈이 오나 뜻을 거둬달라고 청하며 석고대죄를 올려야 했다는 것입니다. 그 시작은 세자가 네 살 때입니다. 영조는 정치적 목적을 이루기 위해 어린 아들을 앞세워 이용한 것입니다. 어린 아들이 겪을 감정적 불안감은 안중에도 없었던 걸까요.

부자간의 불화가 시작된 결정적인 일은 대리청정 사건이었습니다. 대리청정은 국왕을 대신해서 세자가 정무를 처리하는 것이지만, 영조는 세자 뒤에서 그가 국정에 참여하는 모습을 관찰했습니다. 또한 신하들 앞에서 공개적으로 세자를 꾸짖고 무능력하다 비난했지요. 이때 세자는 얼마나 위축되고 자존감을 잃었을까요? 당시 세자의 나이는 고작 열다섯 살, 지금으로 치면 중학교 2학년입니다.

우리가 상상할 수도 없는 스트레스를 받았을 세자의 불안한 상태는 결국 반항과 병증으로 나타납니다. 살갗에 옷이 스칠 때마다 몸이 쓸려나가는 고통을 느꼈고, 화가 치밀면 살인을 저지르기도 했습니다. "마음에 화가 있어 사람이나 닭, 짐승을 죽여야 기분이 나아집니다." 『한중록』에 기록된 사도세자의 말입니다. 현대 의학자들은 세자가 의대증과 우울증을 심하게 앓았을 것이라고 분석합니다.

세자의 악행은 점점 걷잡을 수 없이 커집니다. 그가 살해한 궁인이 100명에 가까웠다 하고, 심지어는 자신의 애첩이 낳은 아이를 우물에 던졌다고까지 합니다. 이런 세자의 비행을 세자의 어머니 영빈이 영조에게 고합니다. 또한 나경언이라는 신하도 세자의 악행을 상세히 적은 상소를 올립니다. 그리고 결국 왕실과 훗날 정조가 되는 어린 세손을 지키기 위해 영빈과 혜경궁 그리고 영조는 세자를 버리기에 이릅니다. 1762년 7월 4일, 이곳 문정전 앞에서 아비가 아들을 뒤주에 가둬 죽이는 '임오화변'이 일어나게 된 것이죠.

이렇게 『한중록』의 내용을 통해 임오화변을 바라보면 세자는 벌을 받아 마땅한 사람이라 여겨집니다. 하지만 자식에게 너무 엄중하기만 했던 영조에게도 아쉬운 마음이 들죠. 그러나 우리는 이 사건을 함부로 판단하고 결론을 낼 수 없습니다. 왜냐하면 영조의 입장에서 기록된 내용이 없기 때문입니다. 훗날 영조는 죽은 세자에게 '사도思悼'라 시호를 붙여주며 말합니다.

> "내 그날의 일을 어찌 좋아서 했겠느냐. 무슨 마음으로 칠십의 아비가 이런 경우를 당하게 하는고…."
>
> _〈어제사도세자묘지문〉(1762)

일국의 세자에게 붙인 '사도'는 흔히 볼 수 있는 시호가 아닙니다. 생각할 사思, 슬퍼할 도悼. 생각할수록 슬픈 그날의 일을 담고 있는 시호입니다.

무소불위의 권력을 가진 왕과 왕세자였으나 진정으로 중요한 것을 놓쳤기에 아버지와 아들에게 찾아온 비극이었습니다. 쓸쓸히 자리한 문정전만이 그날의 참상을 고스란히 기억하고 있습니다.

봄날의 꽃처럼, 경춘전

잠시 분위기를 바꿔볼까요? 이제 문정전을 떠나 경춘전으로 가볼게요. 창경궁에선 봄을 상징하는 춘春 자를 명칭에 많이 사용했습니다. 그중 하나가 경춘전입니다. 경춘전은 햇볕이 따뜻한 봄을 말합니다. 탄생전이라고도 불리는 곳이죠. 이곳에서는 왕실의 아이가 자주 태어났는데, 정조도 마찬가지였습니다. 정조가 태어났을 때, 사도세자가 "내가 꿈에서 용을 보았다. 청룡이 날았다!" 말하면서 용을 그려 경춘전의 내벽에 붙였다고 합니다. 현재는 소실되어 볼 수 없지만 사도세자와 영조의 비극이 다가오기 전, 아들 정조를 향한 사랑이 담긴 그림이었음을 짐작해볼 수 있지요. 자, 우리는 다시 두 번째 죽음을 향해 걷습니다.

삶의 시작과 끝, 경춘전과 환경전.

환경전 X-파일,
그날을 알고 싶다

『조선왕조실록』은 객관적 사실만을 적어놓아 그 우수성을 인정받는다고 합니다. 그런데 이런 『조선왕조실록』에 강한 의심을 일으키는 미제사건을 기록해놓았다면 어떤가요?

> "왕세자가 창경궁 환경전에서 죽었다. 본국에 돌아온 지 얼마 안 되어 병을 얻었고 병이 난 지 수일 만에 죽었는데, 온몸이 전부 검은빛이었고 이목구비의 일곱 구멍에서는 모두 선혈이 흘러나오므로, 검은 멱목으로 그 얼굴 반쪽만 덮어놓았으나, 곁에 있는 사람도 그 얼굴빛을 분별할 수 없어서 마치 약물에 중독되어 죽은 사람과 같았다. …(중략)… 의관들 또한 함부로 침을 놓고 약을 쓰다가 끝내 죽기에 이르렀으므로 온 나라 사람들이 슬프게 여겼다."

_《인조실록》 46권, 인조 23년 4월 26일, 6월 27일.

위 내용을 보면 왕세자가 환경전에서 죽음을 맞이했으나, 그 사인이 명쾌하지 않음을 확인할 수 있습니다. 실록은 죽음을 베일에 싸인 사건처럼 표현하고 있습니다.

이 사건의 주인공은 바로 인조의 장남 소현세자입니다. 그는 인조의 곁에서 병자호란의 고통을 함께한 충성스러운 신하였습니다.

그런 소현세자가 청나라에서 10년에 이르는 볼모 생활을 견디고 돌아왔으나 병을 얻었고, 얼마 지나지 않아 환경전에서 죽음을 맞이한 것입니다.

자, 만약 소현세자의 죽음이 타살이라면 이 사건의 가해자는 누구일까요? 알 수 없습니다. 기록에선 병을 얻어 죽은 자연사로 맺어 버렸기 때문이죠. 하지만 합리적인 의심과 정황이 모두 한 사람을 가리키고 있습니다. 바로 소현세자의 아버지 인조입니다.

소현세자가 죽은 뒤 보인 그의 행보가 이상합니다. 소현세자의 죽음에 의문을 품는다면 당장 의관을 조사해야 하는 것 아닐까요? 당시에도 의혹은 내의원으로 집중되었습니다. 어의를 국문해 사인을 밝히라는 신하들의 상소가 빗발쳤다고 합니다. 왕이나 왕세자가 잘못되었을 때 가장 먼저 담당 의관을 국문하고 처벌하는 것은 궁중 관례상 당연한 일이었습니다. 그리고 소현세자의 담당 어의는 이형익이었는데 학질 같은 흔한 병을 치료하지 못하는 등 그의 의술에 문제를 제기하는 사람이 많았습니다. 그러나 이형익에 대한 인조의 판단은 이렇게 기록됩니다.

"의관은 신중하지 못한 점이 없으니 국문할 필요가 없다."

_《인조실록》 46권, 인조 23년 4월 27일.

이뿐만이 아닙니다. 소현세자의 장례를 치를 때도 이해할 수 없는 인조의 행동들이 이어집니다. 한 나라의 차기 국왕이었던 세자의 장례임에도 불구하고 삼일장으로 결정합니다. 또한 3개월 만에 관료들의 상복을 벗게 했고 인조 자신은 단 7일 만에 상복을 벗습니다. 가장 의심스러운 부분은 시신을 직접 볼 수 있는 과정인 염습에는 종친 3명만 참석하게 하고 장례를 서두릅니다. 소현세자의 죽음 이후 그의 가정은 어떻게 되었을까요? 결론만 말하자면 소현세자빈은 사약을 받아 죽고, 3명의 아들은 제주도로 유배되었으나 첫째와 둘째는 병사합니다.

사건의 실마리, 열등감

인조는 광해군을 폐위시키고 신하들의 추대를 통해 왕이 된 사람입니다. 즉, '왜 왕이 되어야 하는가'를 증명해야만 하는 국왕이었죠. 하지만 그에게 찾아온 건 조선 왕조 역사상 이례적이었던 삼전도의 굴욕이었습니다. 병자호란 때 청나라 황제 홍타이지에게 항복의 의미로 세 번 절하고 머리를 아홉 번 조아리는 치욕을 겪은 것이죠. 그 후 인조에게는 언제나 불안과 치욕이 꼬리표처럼 따라다녔습니다.

그러나 소현세자는 달랐습니다. 청나라에 볼모로 끌려갔으나 새로운 세상을 만납니다. 일찍이 교역을 통해 문물의 발전을 이룬 청나라와 백성들의 삶을 본 것이죠. 그뿐만 아니라 소현세자와 세자빈은 지혜를 발휘해 청나라로 끌려간 조선의 백성들을 구제합니다. 무엇보다도 소현세자는 현실을 직시하고 청나라 황실과 좋은 관계를 유지하고자 노력합니다.

그리하여 소현세자는 인조에게 간청하죠. 청으로부터의 치욕은 잊을 수 없는 것이 맞으나, 조선의 발전을 위해 청과의 화친을 통한 교역이 필요하다고 말입니다. 하지만 인조는 소현세자의 발언에 화를 냅니다. 아비에게 치욕을 안긴 청나라를 옹호하는 아들에게 강한 배신감을 느끼지 않았을까요? 결정적으로 인조의 눈에 비친 소현세자는 청나라를 등에 업고 장성해 등장한 차기 왕이었던 것입니다. 자신의 자리를 위협한다고 생각했을 수도 있겠죠.

그렇게 소현세자는 심양에서의 오랜 볼모 생활로 병을 얻어 앓다 죽었다고 『조선왕조실록』에 기록된 것입니다. 물론 학자들 또한 소현세자가 심양에서 쓴 일기 등 다양한 기록을 통해 그가 병을 앓았을 것으로 추정합니다. 그러나 인조는 소현세자가 병중일 때도, 갑작스러운 죽음을 맞이했을 때도 슬퍼하지 않았다는 것이 의문입니다.

역사에 만약은 없습니다. 이미 지나간 결과는 움직일 수 없으니까요. 그런데도 우리는 빛을 보지 못하고 일찍 시들어버린 인재들을 안타까워합니다. 특히나 그러한 '만약'이 실제로 일어났을 때 우리의 삶에 큰 영향을 끼친다면 말이죠.

"만약 소현세자가 죽지 않았다면…"이라고 말해봅니다. 그런 상상

환경전 툇마루.

으로 쓴 드라마가 김은숙 작가의 〈더 킹: 영원한 군주〉입니다. 소현세자가 왕위에 오른 후 입헌군주제가 된 대한제국이 지금까지 부국강병한 나라가 된다는 내용의 작품이죠. '그가 만약 죽지 않고 왕위에 올랐다면, 청과의 화합으로 문물을 받아들여 조선이 보다 빠르게 성장할 수 있었다면, 가슴 아픈 우리의 근현대사가 조금은 달라지지 않았을까' 하며 의미 없는 상상을 해보곤 합니다.

그러나 음력 1645년 4월 26일 소현세자가 죽음을 맞이한 그날의 내막은 환경전만이 알고 있겠죠. 환경전 툇마루에 앉아 창경궁을 바라보면 어둠이 내려앉은 전각에 피어난 작은 불빛들과 즐거워하는 관람객들의 모습이 어우러집니다. 어딘지 모르게 쓸쓸하지만 사람들의 발걸음으로 활기를 더한 창경궁을 보며 소현세자가 꿈꿨을 조선은 어떤 모습이었을지 잠시 상상해봅니다. _가이드 K

창경궁		
	주소	서울시 종로구 창경궁로 185
	찾아가기	지하철 4호선 혜화역 4번 출구에서 도보 13분
	운영 시간	09:00~21:00(입장 마감 20:00)
	휴관일	월요일(공휴일과 겹칠 시 다음 날 휴궁)
	입장료	만 25~64세 1000원
	홈페이지	cgg.cha.go.kr
	인스타그램	@changgyeonggung_palace

더 알아보기

일제 강점기 창경궁의 붕괴, 춘당지와 대온실

현재의 창경궁은 헐벗겨지듯 10채의 전각만이 덩그러니 남아 있습니다. 지난 70여 년 동안 '창경원'으로 사용되면서 찬란했던 조선 왕조의 창경궁이 허물려 나갔기 때문입니다.

1908년부터 일제는 순종 황제의 힘든 마음을 달래준다는 명목으로 황제를 위한 위락 시설을 준비합니다. 창경궁을 동·식물원으로 개설하자는 내용이었죠. 하지만 조선 왕조의 궁을 위락 시설로 격하시켜 누구나 드나들게 하겠다는 숨은 뜻이 있었었고, 이 또한 일제의 문화 통치 계획의 일부였습니다.

일제의 계획대로 창경궁 내 60여 채의 전각이 뜯겨 나갑니다. 헐려 나간 자리에는 동·식물원이 들어서고 뜯겨진 건물 자재들은 경매로 팔렸지요. 심지어 조선 왕실의 질서를 상징하는 조정 마당의 박석들도 다 뜯어내고 꽃밭으로 만듭니다. 임금이 직접 농사 시범을 보이던 11개의 논, 내농포를 훼손해 일본식 정원 '춘당지'와 당시 동양 최대 규모의 '대온실'을 지었지요. 그렇게 창경궁은 위락 시설로 전락해 1909년 11월 1일에 개원합니다. 그 후 신분이 낮은 자들의 출입을 자유롭게 하기 위해 1911년 창경원으로 이름을 격하시킵니다. 경술국치 이후 일제는 1932년에 현 율곡로를 개설해 창경궁과 종묘 사잇길을 단절시켰고, 궁 안에는 일본의 상징인 벚나무를 가득 심었습니다.

지금의 창경궁은 1983년에 복원을 시작했습니다. 창경궁이 자신의 이름을 다시 찾게 된 지는 40여 년밖에 되지 않은 것이죠. 40년은 길다면 길고 짧다면 짧게 느껴지는 시간입니다. 그런데도 창경궁의 복원 속도가 더디다고 여겨지는 이유는 창경궁보다 먼저 복원해야 하는 다른 궁과 문화유적이 많기 때문입니다. 시간에 쫓겨 고증의 절차를 놓치는 실수를 해선 안 되는 것이 복원입니다. 느리고 더디지만 조금씩 변화되어 가고 있다는 걸 알아주시면 좋겠습니다.

경희궁

빛을 잃어버린 궁을 추억하는 여행

여정 05

서울시 종로구 새문안로 45

서울에는 조선의 5대 궁궐이 있습니다. 이렇게 말씀드리면 다섯 손가락을 펴고 '경복궁, 창덕궁, 창경궁, 덕수궁…'까지 자신 있게 세다가 손가락 하나를 펴고 고민하는 분들을 자주 뵙습니다. 지금부터 만나볼 궁궐은 종로구에 있는 아픈 손가락, 경희궁慶熙宮입니다.

경희궁은 해가 뜨지 않는 극야에서 보낸 세월이 너무도 깁니다. 그러나 여명이 반짝이고 뜨거운 햇볕이 내리쬐던 때도 있었지요. 오늘은 경희궁이 잃어버린 빛을 따라 걷겠습니다.

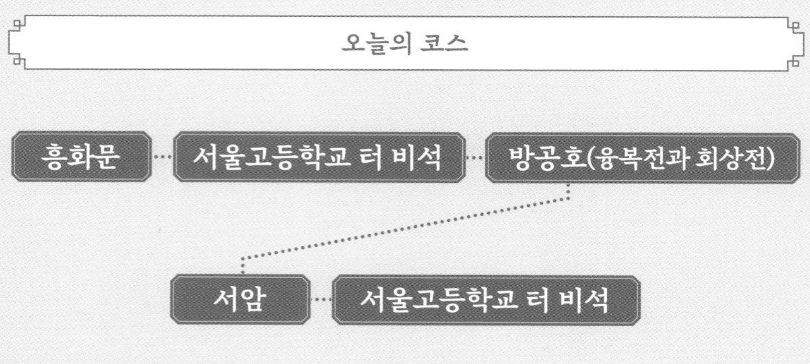

* 오늘의 코스는 글의 흐름에 따른 스토리 코스입니다.
실제 방문 시에는 트래블레이블의 추천 코스를 따라가 보세요.
* 회상전과 융복전은 방공호 자리에 있던 전각으로 지금은 남아 있지 않습니다.

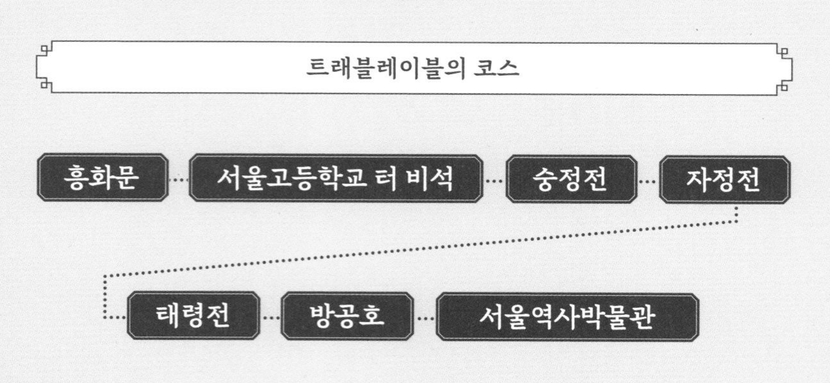

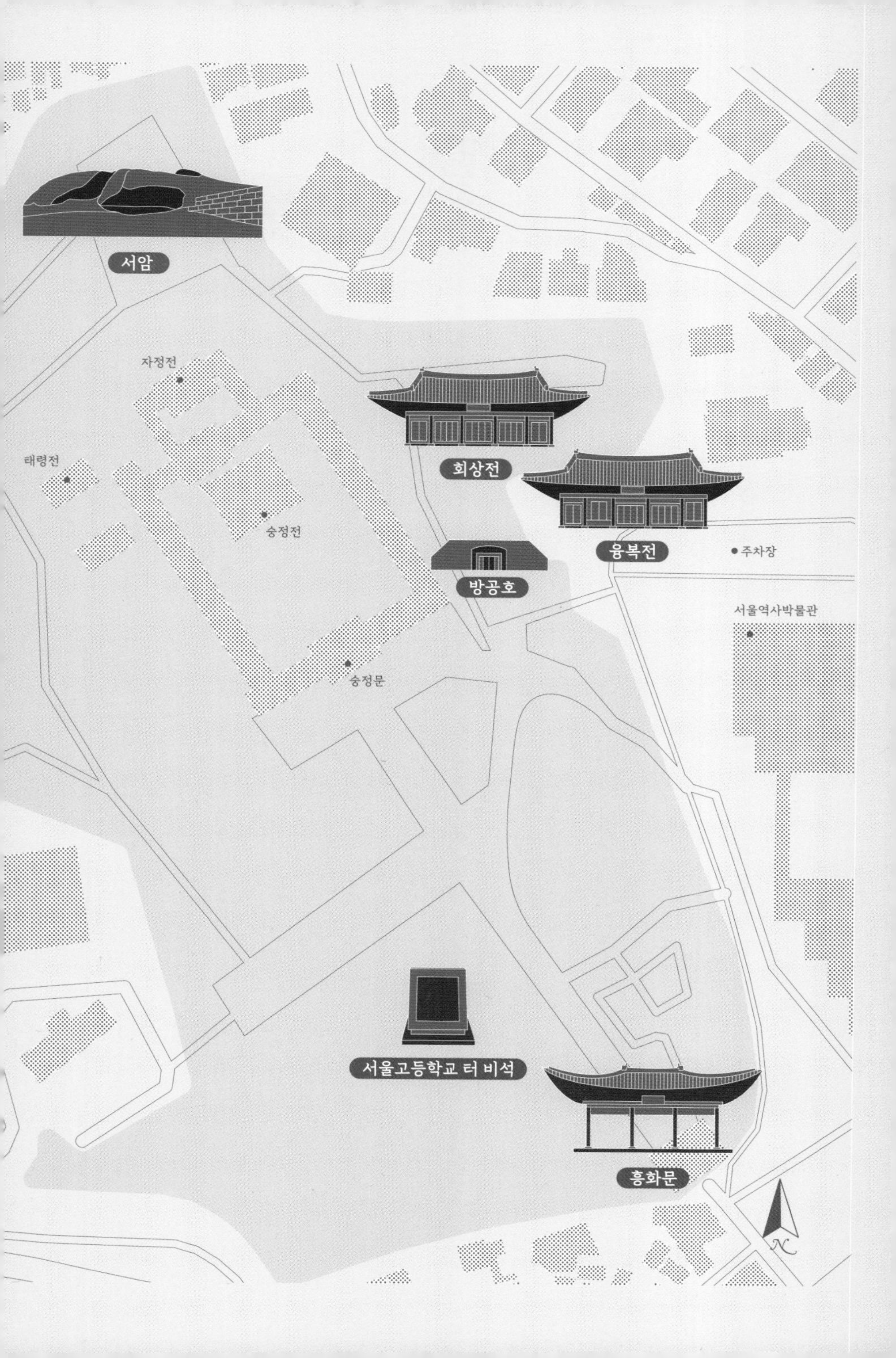
서암
자정전
태령전
숭정전
숭정문
회상전
융복전
방공호
주차장
서울역사박물관
서울고등학교 터 비석
흥화문

경희궁의 아침

어떤 분들께는 경희궁 그 자체보다 종로구 내수동에 있는 주상복합 아파트 '경희궁의 아침'이 더 익숙할지도 모르겠습니다. 분명 경희궁 근처에 있어 붙인 이름일 텐데, 경희궁보다 인지도가 높은 이유가 궁금하지 않으신가요? 흥화문을 따라 들어서면 바로 보이는 비석에서 힌트를 얻을 수 있습니다.

"이곳은 본래 경희궁이 자리했던 곳으로 1916년부터 서울중고등학교가 자리 잡아 1980년 서초동으로 이전할 때까지 수많은 인재를 길러낸 터로 서울고인의 영원한 요람이다."

원래 위치와 다른 곳으로 옮겨 복원한 흥화문.

분명 궁 안으로 들어섰는데 서울고등학교에 대한 설명이 등장합니다. 심지어 장황한 설명의 주인인 서울고등학교 역시 1980년에 서초동으로 이전했다니, 지금 여기엔 없다는 얘기지요. 그럼 우리가 서 있는 이곳은 어디라는 걸까요? 석연찮습니다.

주상 복합 아파트 '경희궁의 아침'은 생겨난 때부터 현재까지 가리키는 대상이 분명합니다. 반면 '경희궁'은 학교를 비롯한 다양한 용도로 사용되며 이름 붙일 수 없는 장소가 되었습니다. 그 결과 경희궁은 현재 이도 저도 아닌 모습으로 서 있지요. 그러나 이 공간에 도 새로운 아침이 밝아오던 순간이 분명히 있었습니다.

1620년, 경희궁은 공사를 마치고 야심 찬 역사의 아침을 맞이합니다. 궁을 지은 사람은 조선 15대 왕 광해군이고, 당시 이름은 경덕궁이었지요. 광해군의 이복동생이었던 정원군이 살던 집터에 왕의 기운이 서렸다는 술사의 말이 없었다면 경덕궁은 역사 속에 존재하지 않았을지도 모를 일입니다. 서자 출신이라는 신분에 콤플렉스를 갖고 있던 광해군은 정원군의 등장을 견제하며 궁궐을 지었습니다.

그런데 정말 이곳엔 왕의 기운이 서려 있었던 걸까요? 반정이 일어나며 광해군은 자신이 지은 경덕궁에 머물러보지도 못한 채 왕위를 내어주게 됩니다. 광해군이 왕위를 내어준 이는 본래 집주인이던 정원군의 아들이자 훗날 인조가 되는 능양군이었고요.

달라진 것은 왕좌만이 아니었습니다. 능양군이 왕좌에 오르면서 자식 농사를 잘 지은 정원군은 왕으로 추존되었고, 왕이 된 정원군의 시호에 궁궐의 이름인 '경덕'이 들어 있었기 때문에 영조가 집권하던 시절, 경덕궁은 우리가 알고 있는 경희궁으로 이름이 바뀌게 됩니다.

뜨거운 한낮의 태양,
숙종

1661년 10월 7일, 경희궁 회상전에서 한 아이가 태어납니다. 이 아이는 혈통이 곧 막강한 힘이었습니다. 유교 사회였던 조선의 가장 강력한 힘은 정통성에서 비롯되었는데, 정통성의 핵심은 정실부인이 낳은 맏아들, 즉 적장자로 태어나는 것이었습니다. 얼핏 쉬운 일일 것 같지만, 이는 조선을 이끈 27명의 왕 중 단 7명에게만 허락된 행운이었습니다. 조선의 왕 중 유일하게 경희궁에서 태어난 숙종은 정통성의 요람에 누워 크게 울었고, 열네 살의 나이에 조선 19대 왕의 자리에 오릅니다. 그런 그는 당시에도 어린 나이였으나 누구의 도움도 받지 않고 스스로 국가를 다스리기 시작하죠.

조선 후기에 가장 문제가 되었던 것은 이해관계에 따라 결성된 붕당이었습니다. 각기 입장이 다른 신하들이 무리 지어 목소리를 내기 시작했고, 이들의 입김은 왕의 자리마저 위협하기 일쑤였습니다. 그러나 숙종은 가만히 당하지 않고 관료들을 쥐락펴락하며 속을 태웠지요. 흔히 환국 정치라고 알려진 숙종의 플레이는 오늘날로 비교하자면 하루아침에 여당과 야당을 손바닥 뒤집듯 바꾸는 방식이었습니다.

이 당파 싸움에서 체스의 말과 같은 역할을 한 인물들이 우리에게도 잘 알려진 인현 왕후와 장희빈입니다. 숙종은 서인에게 눈치를 주고 싶을 땐 서인의 대표 주자였던 인현 왕후를 폐위시키고, 남인의 기를 누르고 싶을 땐 남인 쪽 인물이었던 장희빈에게 사약을 내리며 신하들의 간담을 서늘하게 했습니다.

드라마와 영화의 영향으로 '숙종'의 연관 검색어엔 여인과의 로맨스, 치마폭에 쌓인 왕의 아둔함 같은 말이 등장하기도 합니다. 그러나 실제 숙종은 사랑에 눈이 먼 우유부단한 왕이 아니라, 사랑마저 정치적으로 이용하는 절대 군주였습니다. 내리쬐는 태양으로 태어난 숙종은 탄생과 죽음을 포함한 생애 중요한 순간의 배경으로 이곳 경희궁을 선택했습니다. 엄밀히 따지면 태어나는 것과 장례를 치르는 건 숙종 스스로 선택한 건 아니지만요.

세상에 나오는 것이야 어찌할 수 없지만 세상을 떠날 땐 유언을 통해 본인의 장례 절차에 개입하는 방법이 있습니다. 그런데 숙종은 의외로 경희궁에서 장례를 치르지 말아 달라는 말을 남겼다고 합니다. 경희궁이 다른 궁궐에 비해 지형적으로 답답한 감이 있다는 이유를 들어 창덕궁에서 장례를 치러 달라고 했지요. 그러나 승하한 왕의 시신을 창덕궁으로 옮기는 일이 쉽지 않아 마지막 순간을 경희궁에서 정리하게 됩니다. 숙종이 살아 있었다면 가능한 일이었을까요? 왕기가 서린 궁궐에서 강력한 정통성의 수저를 물고 태어난 군주마저 죽은 뒤엔 이토록 무력해지는 것이 삶이라는 생각을 하게 됩니다.

그래도 권력은 자극적이죠. 혹시 권력의 끝판왕 숙종이 어디서

회상전과 융복전 터, 방공호가 되다.

태어나고 죽었는지 궁금하신가요? 서울역사박물관 뒤 주차장에는 놀랍게도 방공호가 있습니다. 다시 말하자면 궁궐 안에 박물관도 있고 주차장도 있고 방공호도 있다는 얘기입니다. 박물관과 주차장은 2000년대 초반인 비교적 최근에 입주했지만, 방공호는 자신들의 제국이 영원히 망하지 않을 거라 믿은 일제가 한반도를 강점하던 시절인 1944년에 지었습니다. 전쟁을 이어가던 일제가 비행기 공습에 대비하기 위해 만들었는데, 이 자리에 원래는 회상전과 융복전이 있었습니다. 숙종은 바로 이곳 회상전에서 태어나고 융복전에서 생을 마쳤습니다. 나고 죽은 자리가 방공호가 된 왕의 에필로그는 비극일까요, 희극일까요.

욕망의 바위,
서암

경희궁의 가장 뒤편에 독특한 바위가 있습니다. 주인공은 뒤늦게 등장하는 법이라고 하죠. 광해군이 궁궐을 짓게 만든 원인, 정원군의 집에 서린 왕기王氣의 근원이 이 바위라는 설이 전해집니다. 유래에 걸맞게 본래는 "왕암王巖"이라고 불렸는데, 다소 1차원적이었던 명칭 대신 '상서로운 바위'라는 뜻의 '서암瑞巖'이라는 이름을 갖게 되면서 지금까지도 그렇게 불리고 있습니다. 그런데 서암이라 이

왕기가 서렸다는 바위, 서암.

름 붙인 사람이 바로 방공호 자리에서 태어나고 죽은 그 남자, 숙종입니다.

숙종은 왜 바위에 이름을 붙였을까요? 앞서 그는 조선의 왕 중 딱 7명만이 지닌 적장자 타이틀을 거머쥔 왕이라고 말씀드렸습니다.

이 타이틀은 광해군이 아닌 능양군이 반정을 통해 왕위를 잡았을 때 비로소 가능한 일이었죠. 역사에 만약이란 없다지만, 인조의 반정이 성공하지 못했다면 숙종의 정통성도 보장될 수 없었을 것입니다. 이런 상황에서 인조의 집에 왕기가 서려 있음을 증명하는 돌이 있다면, 이에 안도하고 의미를 부여하는 건 당연한 일일지도 모릅니다. 상서로운 바위가 있는 왕기 어린 궁궐에서 숙종뿐만 아니라 그의 두 아들 역시 경종, 영조라는 이름으로 왕위를 이어갑니다. 그리고 영조의 뒤를 이어 왕위에 오른 정조는 경희궁 숭정전에서 그 유명한 "과인은 사도세자의 아들이다"라는 말을 내뱉으며 군림했습니다.

저무는 경희궁,
조각난 궁궐

그러나 언제까지고 해가 떠 있을 것 같던 경희궁에도 일몰이 찾아옵니다. 헌종 이후 사용하지 않았던 경희궁은 고종 재위 시절, 경복궁 중건에 필요한 자재로 쓰이기 위해 부서지기 시작합니다. 균열은 또 다른 균열을 낳습니다. 일제는 비어 있는 경희궁에 1910년 일본인 학교인 경성중학교를 지었고, 궁궐이 학교가 되면서 그나마 자리를 지키던 5개의 전각 역시 팔리고, 헐리게 되었지요. 경희궁이 기

경성중학교, 『경성번창기』(박문사, 1915), 서울역사박물관 소장.

억하던 조선의 역사 위로 일제 강점기의 설움이 쌓여가기 시작했습니다.

35년의 세월이 흐르고 광복이 찾아왔으나 파묻힌 경희궁은 빛을 보지 못했습니다. 서울고등학교가 서초동으로 이전한 1980년대까지 계속 학교로 사용되었지요. 이제야 시작점에서 읽은 알쏭달쏭한 비석의 시간쯤 다가섰네요. 그렇다면 1980년대 이후엔 왜 경희궁을 되찾을 수 없었을까요?

이는 조각난 퍼즐 판 위에 다른 것들이 들어서면서 본래의 조각이 들어갈 자리를 찾지 못했기 때문입니다. 융복전과 회상전 옛 터에 이미 박물관과 주차장, 방공호라는 새로운 조각이 자리를 잡은 것처럼 말이죠. 결국 '경희궁 터'라는 조각판은 허울이고 그 위에는 불협화음을 내는 몇 개의 조각이 부정교합처럼 맞물려 있을 뿐입니다.

동이 터 이름을 되찾을 때까지

이런 탓에 경희궁은 명확히 지칭되지 못하고 많은 수식어만 달고 있습니다. 공간이 제대로 복원되지 않아 입장료를 내지 않고 들어갈 수 있는 궁궐이기도 하지요. 혹자는 이렇게까지 망가진 궁궐을 계속해서 궁궐이라고 불러야 하는지 의아해하기도 합니다. 그런데도 우린 왜 경희궁에 가야 하는 걸까요?

경희궁은 아직 밝아오는 아침을 기다리는 궁궐이기 때문입니다. 오늘은 내일이 와야 비로소 어제가 됩니다. 우리가 부르는 모든 왕의 이름은 왕이 죽고 난 뒤 붙었습니다. 아직 발굴과 조사가 덜 되었기 때문에 어수선하지만, 한편으로는 문화재가 모습을 찾아가는 과정을 보여줄 수 있는 궁궐이기도 합니다.

시작점에 본 서울고등학교 터 비석을 다시 한번 바라봅니다. 서울고등학교는 5대 궁궐을 밟고 세운 일본인 학교로 시작됐고, 강 건너로 이사를 했음에도 불구하고 여전히 명문 서울고등학교입니다. 이를 미루어 생각해본다면 경희궁이 경희궁으로 기억되는 것은 공간이 복원될 때부터가 아니라 경희궁의 역사에 관심을 가질 때부터이지 않을까 싶습니다. 경희궁의 아침과 기나긴 밤을 알고 나면, 아는 만큼 공간은 특별해지기 마련이니까요. _가이드 J

경희궁		
	주소	서울시 종로구 새문안로 45
	찾아가기	지하철 5호선 서대문역 4번 출구에서 도보 7분
	운영 시간	09:00~18:00
	휴관일	월요일, 1월 1일
	입장료	무료

더 알아보기

흩어진 경희궁의 전각들, 어디서 만날 수 있을까

법당이 된 정전, 숭정전

경희궁의 정전이자 경종, 정조 그리고 헌종이 즉위식을 한 숭정전은 현재 동국대학교에 가면 만나볼 수 있습니다. 궁궐이 경성중학교로 바뀌면서 교실로 사용되었던 숭정전은 1926년 조계사曹谿寺에 매각되었다가 동국대학교 내 법당인 정각원이 되어 불상을 품었습니다.

1980년대 후반, 경희궁을 복원할 때 이 숭정전을 다시 본래의 위치로 돌려놓아야 한다는 의견이 있었으나, 숭정전의 목재 상태 등이 너무 많이 훼손되어서 무리라는 결론이 났죠. 제 위치에서 확인할 수 없다는 아쉬움이 있지만, 경희궁 내에 있던 100여 개의 건물 중 드물게 제 모습을 간직한 공간인 만큼 여전히 큰 의미가 있습니다.

주소 서울시 중구 필동로 1길 30

찾아가기 지하철 3호선 동대입구역 6번 출구에서 도보 9분

조선의 활터, 황학정

현재 방공호 자리인 회상전 옆 담장에 있었던 활터입니다. 조선 후기에 고종의 명으로 만든 공간이었는데 일제가 경희궁 안에 경성 중학교를 지을 때 일반인에게 매각되었습니다. 이때 황학정을 사들인 사람들이 정자를 인왕산 자락 아래 있는 사직공원으로 옮겼고요. 일제 강점기에 조선인의 활쏘기가 금지되면서 대부분의 활터가 사라진 터라 온갖 부침에도 유일하게 남아 있는 조선의 활터 황학정이 그저 고맙습니다.

주소 서울시 종로구 사직로 9길 15-32
찾아가기 지하철 3호선 경복궁역 1번 출구에서 도보 13분

종묘

가장 인간적인 신들을 만나는 여행

여정 06

서울시 종로구 종로 157

한양을 도읍으로 정한 태조 이성계는 국가의 첫 사업으로 종묘宗廟 건설을 명합니다. 법궁인 경복궁을 짓기도 전에 종묘의 터를 잡고 첫 삽을 떴지요. 왕과 왕비의 신주神主를 모시는 유교 사당인 종묘는 대체 어떤 의미였던 걸까요? 단순한 구조의 재실을 길게 연결한 단조로운 모양새와는 달리 종묘는 조선에서 큰 존재감을 갖는 공간이었습니다. 고요하지만 단단한 힘을 가진 종묘의 면면을 만나러 가볼까요.

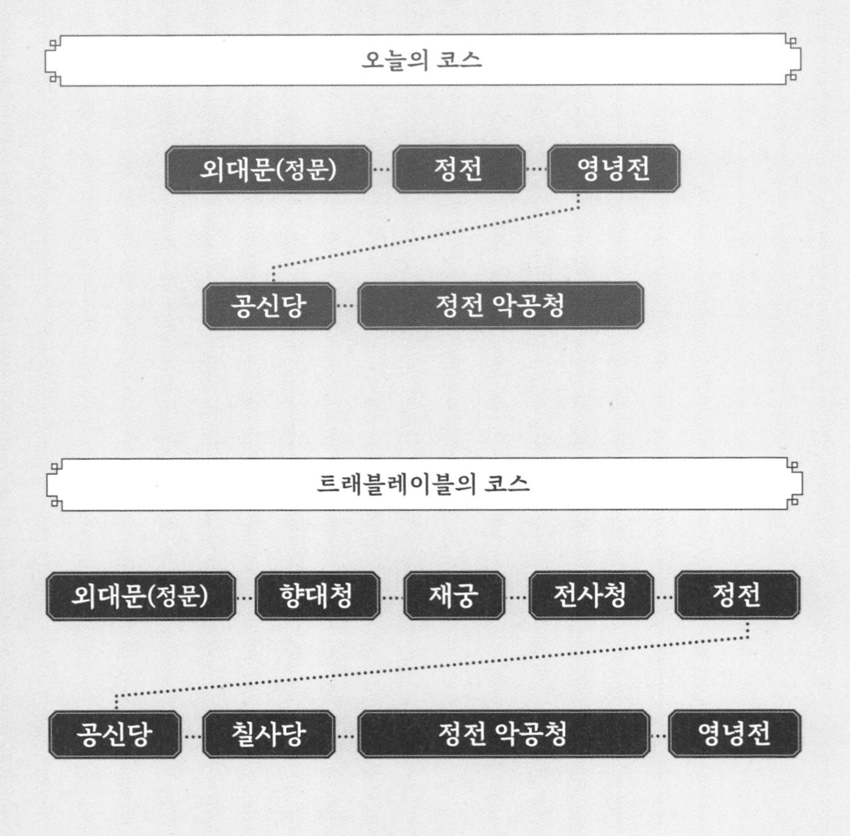

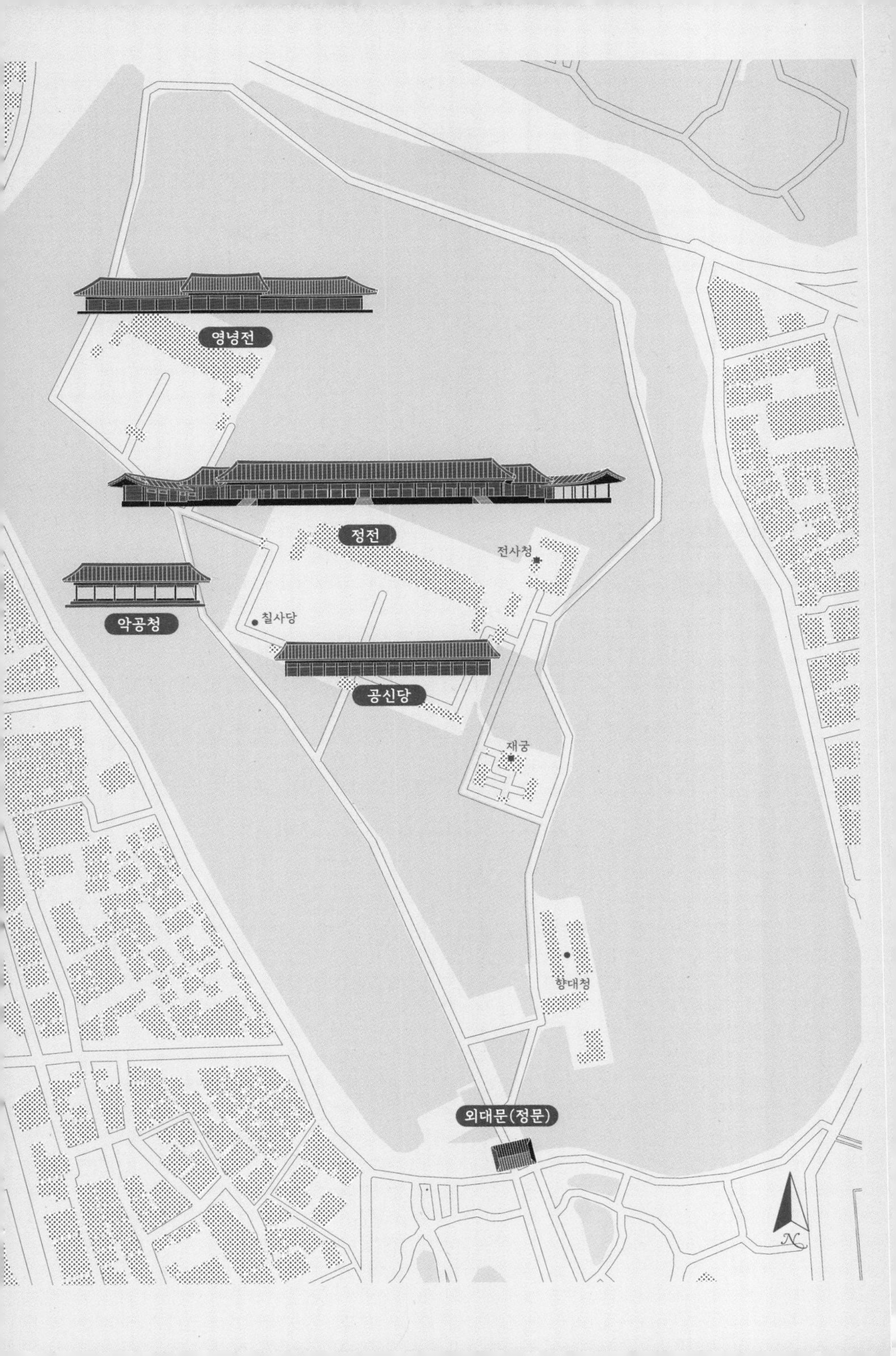

영녕전
정전
전사청
악공청
칠사당
공신당
재궁
향대청
외대문(정문)
N

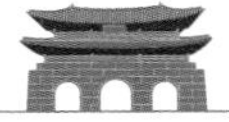

종묘와 사직이
뭐길래

사극에 흔히 등장하는 대사가 몇 가지 있습니다. "통촉하여 주시옵소서", "성은이 망극하옵니다", 그리고 빼놓을 수 없는 또 하나가 "종묘와 사직을 생각하소서"입니다. 앞의 두 표현은 그래도 무슨 의미인지 알겠는데, 종묘와 사직은 왜 생각하라는 걸까요?

"임금은 천명을 받아 나라를 열고 나서 반드시 종묘를 세워서 조상을 받들어 모신다. 이것은 자신의 근본에 보답하고 조상을 추모하기 위한 것이니 매우 큰 도이다."

_정도전, 『조선경국전』(상), 《삼봉집》

조선의 개국공신이었던 정도전이 기술한 《조선경국전》에서 그 힌트를 엿볼 수 있습니다. 종묘는 선대왕과 왕비의 혼을 담은 신주를 모시는 사당입니다. 현대인에겐 혼을 담는다는 말이 다소 낯설게 느껴지기도 할 텐데, 이를 이해하기 위해서는 조선 시대 사람들의 사후세계관을 들여다보아야 합니다.

조선 시대에는 사람이 죽으면 혼과 백으로 나뉜다고 생각했습니다. 혼魂은 하늘로 가고 백魄은 땅으로 돌아간다고 믿었지요. 이런 이유로 국왕과 왕비가 승하할 경우, 육신은 길지를 찾아 무덤을 조

종묘의 짝궁, 사직단.

성하고 혼은 구멍을 뚫어둔 신주에 넣어 왕실 사당인 종묘에 보관했습니다.

태조 이성계는 조선을 세우면서 가장 먼저 종묘를 조성하고 정전에 본인의 고조할아버지, 증조할아버지, 할아버지, 아버지에 해당하는 목조, 익조, 도조, 환조를 모셨지요. 그렇다면 지금도 종묘 정전에 이성계의 사대조가 머물고 있을까요? 답을 찾아 종묘로 들어가 봅니다.

정전, 101m로 늘어선 조선의 정통성

정전으로 가는 길, 넓적한 돌을 이어 만든 길이 보입니다. 가운데는 높고 양옆은 낮은 모습입니다. 앞서 살펴본 궁궐들에선 '어도'라고 하여 이 가운뎃길로 왕이 다녔지만, 이곳은 신을 모시는 사당이라서 가장 중요한 가운뎃길은 신의 길인 '신로'입니다. 신로를 기준으로 오른쪽 길은 왕이 걷는 '어로', 왼쪽 길은 세자가 걷는 '세자로'이지요. 다시 말해 이 길은 조선 왕조의 과거, 현재, 미래가 걷던 길입니다.

길을 따라 걷다 보면 종묘의 정전이 그 모습을 드러냅니다. 단조롭게 생겼음에도 시선을 잡아끄는 강한 힘을 가지고 있습니다. 힘을 자아내는 첫 번째 요인은 처마에서 찾아볼 수 있지요. 우리가 흔

신로 그리고 양옆의 어로와 세자로.

조선의 왕 19명이 잠든 정전.

히 아는 궁궐의 지붕과 비교했을 때, 처마가 매우 깊습니다. 내부에 짙은 그림자를 드리우는 종묘의 지붕에선 모자를 푹 눌러써서 눈을 가린 사람을 마주한 것처럼 긴장감이 감돕니다.

두 번째 요인은 끝없이 이어진 정전의 가로 길이에서 찾아볼 수 있습니다. 우리나라 건축물 중 단일 건물로는 가장 길다고 알려진 종묘 정전의 길이는 101m입니다. 정전은 칸칸이 나뉘어 조선 왕조의 역대 임금들을 모시고 있습니다. 그중 가장 왼쪽 칸의 주인은 조선이라는 국가를 연 장본인, 태조 이성계와 그의 부인 2명이고, 옆으로 이어진 18개의 방에는 조선을 대표하는 왕과 그들의 왕비가 함께 모셔져 있습니다.

19개의 방은 모신 왕만 다를 뿐 동일한 구조입니다. 내부엔 왕과 왕비의 신주가 있고, 양옆으로 물건을 넣을 수 있는 서고가 있습니다. 원래는 이 서고 안에 왕과 왕비의 업적을 적어둔 서책과 사후에 만드는 부장품인 왕과 왕비의 도장, 어보가 들어 있었지요. 다만 오늘날에는 관리, 보존을 위해 국가 수장고와 국립고궁박물관 등에서 유물을 보관하고 있습니다.

오늘날 신주가 담긴 신실 내부는 제례가 있는 날만 문을 엽니다. 조선 시대에는 매년 정월, 4월, 7월, 10월과 12월 섣달 제사를 뜻하는 납일까지 일 년에 다섯 번의 제사를 지냈는데, 오늘날에는 일 년에 한 번, 5월 첫째 주 일요일에 종묘대제를 지냅니다. 제삿날이 아니면 비록 내부는 살펴볼 수 없지만 정전과 나란히 걸어봅니다.

영녕전, 정전에 머물지 못한 왕들

정전을 옆에 두고 걷다 보니 뭔가가 이상합니다. 일단 종묘를 세운 뒤 가장 먼저 모셨다던 태조 이성계의 사대조를 찾아볼 수가 없습니다. 게다가 조선의 역대 왕은 27명이고, 그중 왕으로 끝맺지 못한 연산군과 광해군을 제외하더라도 25명입니다. 그런데 이곳에 모

영녕전, 정전에 모시지 못한 왕들을 품다.

신 왕은 19명뿐입니다. 나머지 왕은 어디에 있는 걸까요? 궁금증을 해결해줄 또 다른 전각은 정전 옆, 솟을지붕을 얹고 서 있는 영녕전입니다.

정전에서 가장 눈에 띄는 특징이 정전의 가로 길이였다면, 영녕전은 높게 솟은 가운데 지붕을 들 수 있습니다. 이 높은 지붕 아래 모신 분이 태조 이성계의 사대조인 목조, 익조, 도조, 환조입니다.

이분들이 정전에서 영녕전으로 이사한 것은 세종 재위 시절입니다. 조선의 2대 임금 정종의 삼년상을 무사히 마무리하고 정종의 혼을 종묘에 모시려고 했을 무렵이지요. 그런데 한 가지 문제가 있었습니다. 왕을 모실 방이 없었습니다. 조선은 제후국이어서 유교적 예법에 따라 종묘 정전을 다섯 칸으로 만들었기 때문입니다. 그전부터 머물고 있던 사대조와 태조 이성계가 들어서자, 왕조 초기에 이미 만실이 되어버렸지요. 고민하던 세종은 송나라에서 사용하던 별묘 제도에서 아이디어를 얻어, 1419년 영녕전을 세우고 이곳에 사대조 임금을 모셔 정전에 빈방을 마련합니다.

그런데 문제는 여기서 끝이 아니었죠. 앞으로 남은 왕들을 모시기 위해선 확실한 해결책이 필요했습니다. 하여 조선 왕조 500년 동안 몇 차례에 걸쳐 정전을 늘려간 결과 101m까지 길어지게 된 것이지요. 그리고 물리적으로 계속 증축할 수는 없었기 때문에 왕을 정전에 모신 지 5대가 지나면 신주를 영녕전으로 옮기는 기준을 정하게 되었습니다.

여기서 또 하나의 의문이 생깁니다. 5대가 지나면 옮긴다는 기준으로 보면 가장 먼저 영녕전에 모셔야 할 인물은 조선을 세운 태조 이성계 아닐까요? 왜 지금까지 이성계는 방을 빼지 않고 정전을 지키고 있는 걸까요?

이를 이해하기 위해 알아야 하는 개념이 바로 불천지위不遷之位입니다. 쉽게 말해 불천지위는 절대 정전에서 방을 빼지 않는 신주를 의미하며, 이를 판가름하는 기준은 신주의 주인이 조선 왕조에 미친 영향력이었습니다.

태조 이성계는 조선이라는 나라를 세운 장본인이기 때문에 평생 정전에 사는 호사를 누리게 되었고, 또 다른 불천지위로는 조선의 11대 왕인 중종의 신주를 들 수 있습니다. 중종은 반정을 일으켜 연산군을 제압하고 왕의 자리에 오른 인물입니다. 폭군의 횡포로부터 나라를 지켜낸 업적을 인정받아 여전히 정전에 모시고 있습니다.

또한 예시로 말씀드린 태조와 중종 외에도 27명의 왕 중, 13명(태조·태종·세종·세조·성종·중종·선조·인조·효종·현종·숙종·영조·정조)이 불천지위의 신분으로 정전에 머물고 있습니다. 역대 왕들의 업적에 대해 가치판단을 내리고 다른 전각에 신위를 모셨다는 점이 흥미롭습니다.

죽어서
왕이 된 자들

종묘를 신비롭게 하는 건 얼핏 봐선 풀리지 않는 미스터리 때문인지도 모르겠습니다. 종묘에선 왕의 계보로 알려진 '태정태세문단세…'에 해당하지 않는 생소한 왕들도 모십니다. 이들은 대체 누구일까요?

이번에도 영녕전을 지키는 인물 중 몇몇을 예로 들어보겠습니다. 먼저 장조입니다. 장조는 영조의 아들이자 정조의 아버지인 사도세자가 왕으로 승격되면서 갖게 된 이름입니다. 그렇다면 원종은 누구일까요? 능양군이던 인조의 아버지로 인조가 왕이 되자 후대에 왕으로 추존된 인물입니다. 살아서 왕이 아니었던 이들이 어째서 죽은 뒤 왕이 될 수 있었던 걸까요.

이는 정통성을 중시한 조선의 특징을 여실히 보여주는 예시입니다. 인조와 정조는 아버지로부터 왕위를 이어받은 인물이 아닙니다. 그렇기에 적장자로서 임금이 된 여타 왕들과 달리 정통성에 흠집이 있었습니다. 이를 극복하려면 어떻게 해야 할까요. 조선 왕조는 정통성을 공고히 할 목적으로 돌아가신 아버지를 왕으로 추존하는 방법을 생각합니다. 그러니까 이곳에 계신 추존 왕들은 아들을 잘 둔 덕분에 사후에 왕의 호칭을 얻은 분들이지요.

반면 한 지붕 아래 있지만 추존 왕들과 달리 자식의 도움을 전혀 받지 못한 비운의 아버지들도 있습니다. 왕위에 올랐으나 불천지위로 선택되지 않은 신주의 주인들이죠. 역대 왕 중에서 영녕전에 있는 인물들의 공통점은 아들이 왕의 자리에 오르지 못한 임금이라는 사실입니다. 역사에 만약은 없다지만, 이들의 아들이 임금이 되었다면 정전과 영녕전에 머무는 인물들이 달라지지 않았을까 하는 생각도 해봅니다.

공신당,
종묘엔 왕족만 사는 게 아니에요

그렇다면 종묘에는 왕과 왕비의 사당만 있는 걸까요? 그렇지 않습니다. 공신당에는 말 그대로 국가의 공신, 조선을 운영하는 데 큰 힘을 쏟은 분들의 신주가 있습니다. 이곳에 모신 신주는 총 83명으로, 우리가 잘 알고 있는 조선 전기의 권신 한명회, 성리학자 이이와 이황이 대표적인 인물입니다. 조선의 개국공신들 역시 이곳에 모셨는데, 아이러니한 건 《조선경국전》을 통해 종묘의 중요성을 설파하던 정도전은 종묘 어디에서도 그 모습을 발견할 수 없다는 점입니다.

이는 태종 이방원과 관계가 깊습니다. 정도전은 이방원이 일으킨 왕자의 난으로 숙청된 인물입니다. 그런 연유로 추후 종묘에 모실 공신들의 이름을 나열하는 과정에서 빛나는 업적에도 불구하고 순

위에 들지 못합니다. 종묘는 조선 왕실의 정통성을 드러내는 공간인 동시에 권력의 입김이 영향을 미치는 정치적인 공간이기도 했던 셈이지요.

지금까지 종묘가 왜 그렇게 중요했는지, 종묘에는 어떤 인물이 모셔져 있는지를 알아보았습니다. 다음으로는 종묘 하면 짝꿍처럼 따라붙는 종묘제례악이 무엇인지, 왜 유네스코 무형문화유산에 등재될 수 있었는지 알아보기 위해 악공청으로 이동해보겠습니다.

악공청 그리고 종묘제례의 완성 종묘제례악

악공청은 종묘의 부속 건물로, 악기 연주를 하거나 춤을 추는 사람들이 대기하는 공간이었습니다. 이들을 위한 공간이 종묘에 따로 마련되어 있다는 것만으로도 종묘제례에서 악기 연주가 얼마나 중요했는지를 가늠해볼 수 있죠. 종묘제례는 조선에서 가장 큰 행사였습니다. 정성을 다해 조상을 모시는 일이 조선 왕조의 번영과 풍요를 가져오리라 믿었기 때문입니다. 조상을 기쁘게 하고 제사의 장엄함을 더하기 위해 연주한 곡이 제례악인데, 제례악의 '악樂'은 음악과 노래, 무용을 모두 합친 개념이었습니다.

종묘에 계신 조상신에게 인사를 드릴 때 사용한 음악으로는 〈보태평〉과 〈정대업〉이 있습니다. 먼저 〈보태평〉은 종묘에 계신 조상신들의 문덕을 찬양하는 노래로, 국왕이 조상에게 첫 술을 올리는 초헌례의 순간에 연주했습니다. 반면 〈정대업〉은 조상신들의 무공을 찬양하는 노래로, 왕세자가 조상에게 두 번째 술을 올리는 아헌과 영의정이 마지막 술을 올리는 종헌에 연주했습니다. 그렇다면 이 음악을 만든 사람은 누구일까요?

악공과 무공을 위한 공간, 악공청.

두 음악은 모두 세종이 만들었습니다. 조선 초기, 종묘제례를 진행할 때만 해도 종묘제례악은 중국의 음악과 고려의 음악이 뒤섞인 형태였다고 합니다. 독자적인 조선의 음악과 예로써 조상신을 모셔야 한다고 생각한 세종은 막대기를 바닥에 짚으면서 박자를 맞추어 제례에 사용할 음악을 만들었습니다.

그러나 중국 예법에 대한 사대주의가 팽배했던 당시 조정에서는 세종이 만든 음악으로 제사를 지내는 것에 반발이 심했습니다. 그리하여 세종은 끝끝내 자신이 만든 음악으로 제사 지내는 모습을 보지 못한 채 세상을 떠나고 말았지요. 그러다 세종만큼이나 음악에 조예가 깊었던 아들 세조 대에 이르러 마침내 세종의 곡이 연주됩니다.

〈보태평〉과 〈정대업〉이 연주될 때, 무용수들이 춤을 더하는데요. 무용은 문덕을 찬양하는 〈보태평〉 때 추는 문무, 무공을 찬양하는 〈정대업〉 때 추는 무무로 나뉩니다. 춤을 추는 사람은 가로로 8줄, 세로로 8줄, 총 64명입니다. 이런 이유로 종묘제례의 무용을 팔일무라고 부르기도 합니다. 무용이라 하면 흔히 흥겹게 추는 춤을 떠올리기 쉽지만, 제례의 현장인 만큼 매우 장엄하고 절도 있는 몸짓으로 춤을 추었습니다.

이번엔 곡을 연주하는 악단을 살펴볼까요. 악단은 상월대에서 연주하는 등가와 하월대에서 연주하는 헌가로 나뉩니다. 상징으로 가득한 조선에서 악단이 나뉘어 앉아 연주한 데는 다 의미가 있겠죠?

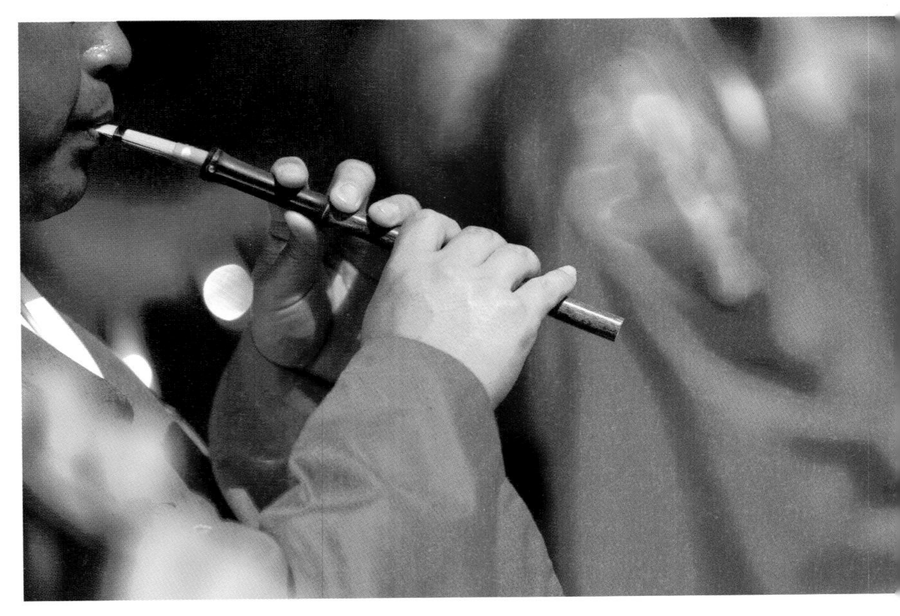

당피리를 연주하는 악공.

정전 앞 계단 위, 상월대의 등가는 하늘을 상징하고 계단 아래 뜰, 하월대의 헌가는 땅을 상징합니다. 그리고 이들 사이에서 팔일무를 추는 무용수들은 사람을 상징하여 천天, 지地, 인人이라는 삼재 사상을 내포했습니다.

조선의 음악과 노래, 무용으로 장엄하게 진행되던 종묘제례악은 일제 강점기를 겪으며 자취를 감추었습니다. 그러다 광복 이후인 1969년, 전주 이씨 대동종약원에서 행사를 재개하면서 여전히 매년 5월 첫째 주 일요일, 종묘제례 현장에서 그 모습을 확인할 수 있게 되었습니다. 역사의 부침 속에서도 제 모습을 잃지 않고 명맥을 이은 종묘제례악은 2001년 가치를 인정받아 유네스코 무형문화유산에 이름을 올렸습니다.

인간다움이 빚어낸 장엄함의 극치

"한국의 파르테논 신전." 종묘를 표현하는 유명한 수식어입니다. 고요한 가운데 장엄한 멋을 지닌 정전을 바라보고 있자면 왜 이런 별명이 붙었는지 이해가 됩니다. 그러나 이번 여행에서 좀 더 방점을 찍고 싶은 것은, 장엄한 결과물보다 이 결과를 만드는 과정에 중요한 역할을 한 '왕조의 인간다움'입니다.

역성혁명으로 나라를 일으킨 조선은 정통성을 위해 역대 국왕을 모실 사당을 만들었습니다. 그러나 국가가 지속될수록 더 많은 왕을 모시기 위해 공간의 형태를 바꾸기도 하고, 정통성을 위해 왕이 아니었던 사람을 왕으로 만들기도 했으며, 업적에 따라 차등을 두고 예를 갖추기도 했습니다.

매년 5월 첫째 주 일요일, 신로를 걸어 제사를 받으러 오는 국왕들은 한때, 양옆으로 나 있는 왕의 길과 세자의 길을 걸었던 사람들입니다. 그들은 영녕전에 모신 추존 왕과 정전에 모신 불천지위의 왕, 더 나아가 왕으로 남지 못한 연산군과 광해군을 떠올리며 어떤 생각을 했을까요. 정전에 오래 남는 성군이 되고 싶다고 생각했던 왕도 있었겠죠? 그들은 바라는 바를 이루었을까요? 정전의 가장 마지막 신실을 채운 2명의 왕, 고종과 순종은 망국의 역사를 뒤로한 채 정전에 모셔지며 무슨 생각을 했을까요. 101m까지 길어진 정전의 마지막 신실을 채운 신주가 조선 마지막 황제의 것이라는 사실이 뼈아픈 운명처럼 느껴지기도 합니다. 처마 밑, 어두운 그늘에 자리 잡은 역대 왕들의 신실을 걷다 보면 '조선의 임금'이라는 묵직한 타이틀 아래 숨어 있는 사람의 이야기가 들리는 것 같습니다. _가이드 J

종묘

주소	서울시 종로구 종로 157
찾아가기	지하철 1·3·5호선 종로3가역 11번 출구에서 도보 5분
운영 시간	2~5·9~10월 09:00~18:00(입장 마감 17:00), 6~8월 09:00~18:30(입장 마감 17:30), 11~1월 09:00~17:30(입장 마감 16:30)
휴관일	화요일(공휴일과 겹칠 시 다음 날 휴관)
입장료	만 25~64세 1000원
홈페이지	jm.cha.go.kr

* 2025년 4월까지 종묘 정전 보수 공사로 인해 정전 관람은 제한됩니다.

그렇다면
사직은 무엇인가

사직단, 토지와 곡식의 신이 계신 곳

조선 시대에 토지의 신과 곡식의 신에게 제사를 지내던 곳입니다. 종묘가 유교 국가 조선의 중심 공간이라면, 사직은 농경 사회였던 조선을 설명할 수 있는 신성한 공간이지요. 경복궁을 짓기 전, 종묘의 위치를 정할 때 사직의 위치 역시 함께 정했습니다. 고대 도시를 지을 때는 '좌묘우사左廟右社'라 하여 국가의 중심이 되는 정전의 왼쪽에는 묘를, 오른쪽에는 사직단을 조성했습니다. 태조 이성계 역시 이 법칙에 맞게 경복궁의 동쪽으로는 종묘를, 서쪽으로는 사직단을 조성했고 왕은 이곳 사직단에서 일 년에 네 번 제사를 지냈습니다.

사직단과 사직운동장, 관련이 있을까?

사직 하면 부산의 사직운동장을 떠올리는 사람도 있을 것 같습니다. 두 공간은 실제로 관련이 있습니다. 종묘는 조상신을 모시는 곳이라 신주를 모아둘 하나의 공간만으로도 충분히 예를 갖출 수 있었지만, 풍년은 전국의 모든 백성이 바라는 염원이었던 터라 지역마다 사직단이 조성되어 있었습니다. 부산의 사직운동장은 실제 부산 지역 사직단이 있던 자리에 만든 스포츠 시설입니다. 경복궁 서쪽 사직단과 다른 점이 있다면, 왕이 모든 지역을 방문해서 제사를 지낼 수는 없었기 때문에 각 지역의 지방관이 풍년을 기원하며 제사를 지냈다는 점입니다.

2부

漢陽 京城

한양과 경성,

두 개의 조선을 걷는 시간

경성을 걷는 밤, 일제 강점기

경성을 걷기 전에, 구한말~일제 강점기 연표

조선 시대 1392~1897

1866 병인양요

* 프랑스 함대, 강화도를 공격하다.

1871 신미양요

* 미국 함대, 강화도에 침입하다.

1876 강화도조약 체결

* 일본과의 강화도조약 체결 이후 타국과 줄줄이 불평등 조약을 맺다.

1882 조미수호통상조약 체결

임오군란

* 구식 군대, 신식 군대 별기군과의 차별을 반대하며 난을 일으키다.

1883 미국공사관 개설

1884 갑신정변

* 급진 개화파, 청나라로부터의 독립과 서구식 개화를 내세워 정변을 일으켰지만 3일 만에 실패하다.

1885 한양 내 일본인 거주 허용

배재학당 설립

1886 이화학당 설립

1894 동학농민운동

갑오개혁

청일전쟁

* 동학도교 전봉준을 필두로 일어난 반봉건·반외세 운동, 조선 내부에선 갑오개혁, 외부에선 청일전쟁의 시발점이 되다.

1895 을미사변

을미의병

* 조선의 유생, 일제가 명성황후를 시해한 을미사변과 단발령에 반발해 의병을 일으키다.

1896 아관파천

* 신변의 위협을 느낀 고종과 왕세자, 경복궁을 떠나 러시아공사관으로 거처를 옮기다.

대한제국 1897~1910

1897 대한제국 선포

경운궁(덕수궁) 정비

정동제일교회 준공

1900 남대문정거장 운영 개시

1904 러일전쟁

경운궁 대화재로 대부분 소실

1905 을사늑약

을사의병

* 대한제국의 외교권을 박탈하기 위한 강제 조약이 체결된 후 전국적으로 의병 항쟁이 일어나다.

1907 고종 양위, 27대 순종 즉위

경운궁에서 덕수궁으로 개칭

대한제국 군대 강제 해산

정미의병

* 고종의 강제 퇴위와 군대 해산에 반발해 마지막 대규모 의병 항쟁 발발하다.

1908 경성감옥 개소

일제 강점기 1910~1945

1910 국권 피탈

1919 3·1만세운동

대한민국 임시정부 수립

1920 기농 정세권 부동산 개발 회사 건양사 설립

1923 경성감옥에서 서대문형무소로 개칭

1925 경성역(문화역서울284) 준공

1926 경복궁 흥례문 터에 조선총독부 신청사 건립

6·10만세운동

1931 조선물산장려회관 건축

1935 조선어학회관 건축

1936 손기정과 남승룡, 제11회 베를린 올림픽 마라톤 금메달과 동메달 수상

1942 조선어학회사건

* 일제, 조선어학회 회원과 관련 인물들을 강제로 연행해 재판에 회부하다.

1945 8·15광복

1947 경성역에서 서울역으로 개칭

1948 대한민국 정부 수립

경성여행 지도
경복궁
국립고궁박물관
10
서대문형무소역사관
경희궁
08
정동
07
덕수궁
09
문화역서울284

0
300m
11
성북동
창경궁
12
창덕궁
종묘
13
국립중앙박물관

덕수궁

잊혀진 황제의 궁으로 떠나는 여행

여정 07

서울시 중구 세종대로 99

1876년에 체결한 강화도 조약을 시작으로 일제는 조금씩 목을 조여오고 있었습니다. 나라를 지켜야 했던 조선의 26대 왕 고종에겐 결단이 필요했죠. 현재를 살고 있는 우리에게 고종은 결국 나라를 빼앗긴 역사 속 인물이지만, 19세기 당시 그는 돌파구를 고민하던 사람이었습니다. 위기의 상황, 고종의 선택은 과연 무엇이었을까요? 그 답은 서울시청 앞을 지키고 선 작은 궁궐, 덕수궁德壽宮에서 찾아볼 수 있습니다.
분주한 도심에 잠들어 있는 고종의 이야기를 만나러 가봅니다. 한 걸음 한 걸음 시간을 되감다 보면 어느덧 우린 1897년, 한반도에 황제의 국가가 세워지던 그날에 멈출 거예요.

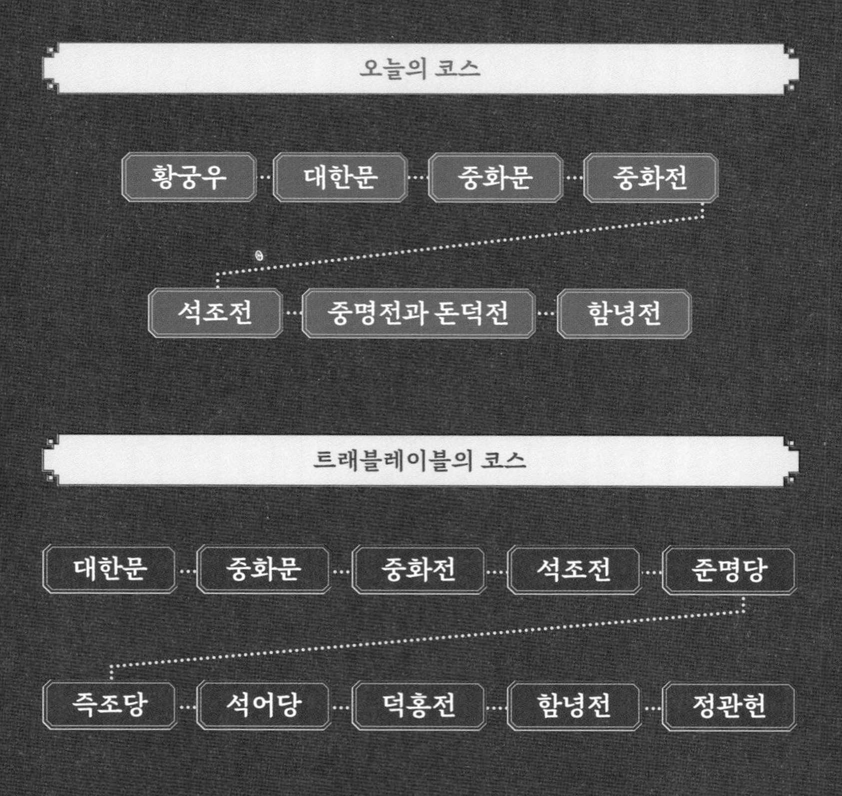

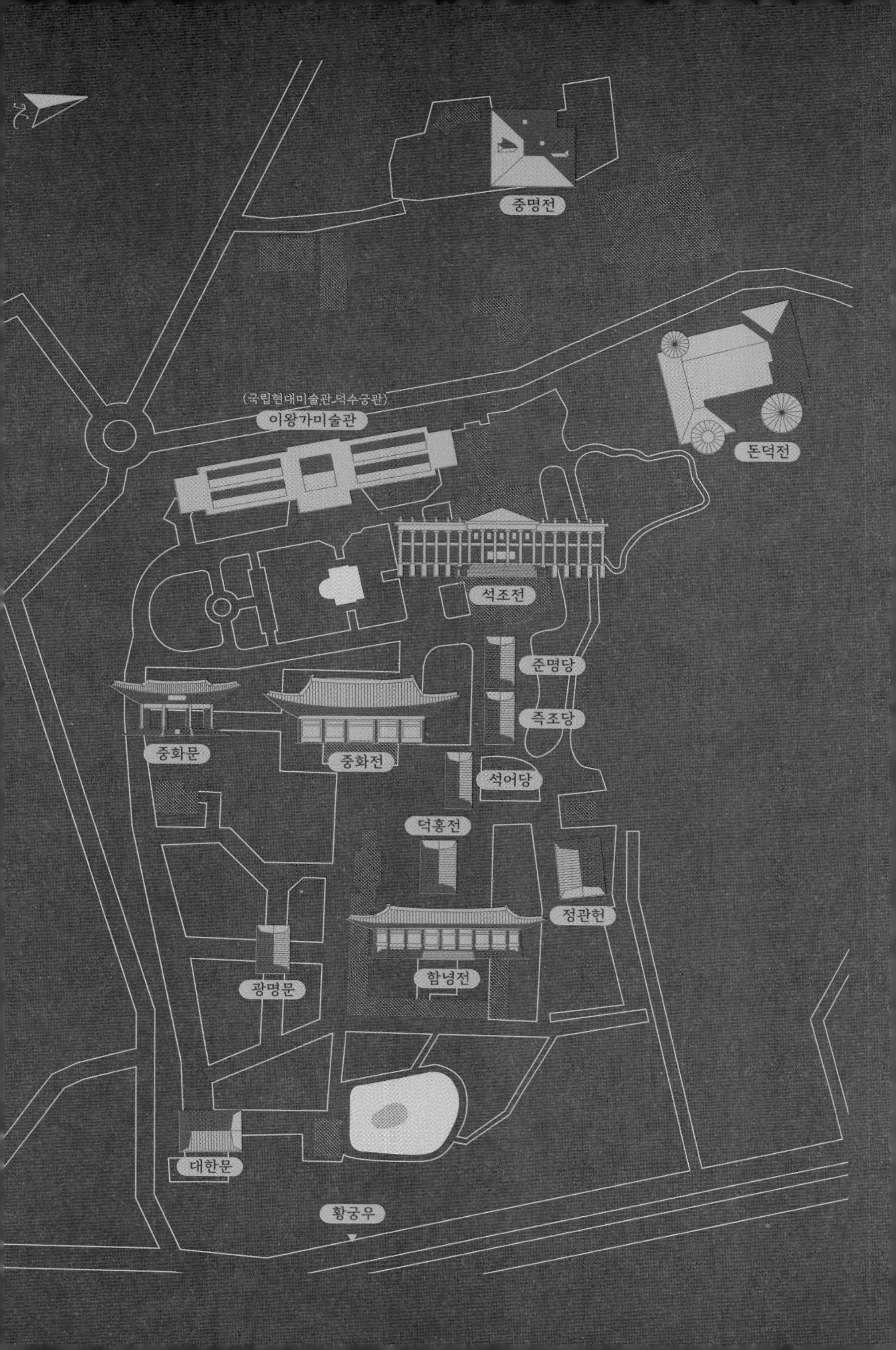

중명전
(국립현대미술관 덕수궁관)
이왕가미술관
돈덕전
석조전
준명당
즉조당
중화문
중화전
석어당
덕홍전
정관헌
광명문
함녕전
대한문
황궁우

환구단과 황궁우, 황제정의 탄생

덕수궁을 등지고 서서 정면을 1분 정도 바라볼까요? 넓은 시청광장 뒤로 웨스틴 조선 호텔이 보입니다. 그 옆에 웬 팔각정이 하나 있는데, 웨스틴 조선 호텔을 검색하면 연관 검색어로 따라붙는 "황궁우 뷰view"의 그 '황궁우'입니다. 자칫 호텔의 일부 같지만, 이 공간을 만든 사람은 따로 있습니다. 바로 조선의 26대 임금 고종입니다.

고종은 왜 이곳을 만들었을까요? 그건 하늘에 제사를 지내기 위해서였습니다. 좀 더 정확히 말하자면, 하늘에 제사를 지내기 위한 제단으로 환구단을 만들고, 하늘신의 위패를 모시는 부속 건물로 황궁우를 만들었습니다. 온갖 제례로 가득한 유교 국가 조선에서 하늘에 제사를 지내는 게 뭐가 특별할까 싶겠지만, 당시 동아시아에서

덕수궁 밖 황궁우.

하늘에 제사를 지낼 수 있는 유일한 사람은 모든 땅을 다스리는 자, 황제뿐이었습니다. 조선은 황제국이 아닌 왕국이었으므로 하늘에 제사를 지낼 자격이 없었던 것이죠. 그런데 1897년, 고종이 그걸 해냅니다. 제후국인 조선이 아닌 황제의 국가인 대한제국을 선포하면서 말이죠.

막다른 길, 고종의 돌파구는 황제의 국가를 수립하는 것이었습니다. 조선을 갖겠다고 눈독 들이는 국가들이 하나같이 하는 말이 있었습니다. "너희는 약하고 미개한 나라이니 우리가 도와주겠다." 도

대체 왜 우리에게 도움이 필요하다고 한 걸까요. 타국과 비교해보니 다른 점이 2가지 있습니다. 통상수교거부 정책으로 근대화의 물결에 빠르게 올라타지 못했다는 것, 그리고 황제를 가지지 않은 국가라는 것.

오늘날 우리가 보기에는 황제가 다스리는 나라든 왕이 다스리는 나라든 별 차이 없는 것 같지만, 당시엔 하늘과 땅 차이였습니다. 유도나 레슬링처럼 체급이 나뉘는 경기를 생각해볼까요? 상대 선수가 헤비급이면 나도 헤비급이 되어야 맞붙을 기회가 주어집니다. 아무리 잘 싸워도 체급이 다른 선수와는 아예 싸울 일이 없지요. 황제국들 사이에서 조선도 스스로 근대화할 수 있다는 것을 보여주기 위해서는 체급을 올려 황제의 자리에 서야만 했습니다. 대한제국의 역사는 그렇게 시작됩니다.

경운궁,
황제가 선택한 궁궐

이때 고종에게 선택받아 늦은 전성기를 누린 궁이 있습니다. 바로 덕수궁입니다. 당시엔 이름이 덕수궁이 아니었다는 사실, 알고 계셨나요? 덕수궁의 본래 이름은 '경사스러운 일들이 구름처럼 몰려드는 궁'이라는 뜻의 경운궁慶運宮이었습니다. 당시 규모는 크지 않은 편이었는데, 1897년에 대한제국의 법궁으로 선택되면서 엄청난 발전을 이루었습니다. 덕수궁으로 개칭한 것은 그로부터 10년이 지난 1907년의 일이죠.

이제 본격적으로 궁에 들어가 보려는데 정문에 달린 현판이 눈에

덕수궁의 정문, 대한문.

들어옵니다. 바로 '대한문大漢門'입니다. 이 이름은 누가 붙였을까요? 이 궁을 선택한 고종으로 1906년에 이루어졌습니다.

작명가가 고종인 건 알았지만 왜 '대한'이라는 이름을 붙인 것인지는 오랜 시간 미궁 속에 있었습니다. 그런데 무려 60여 년이나 알 수 없었던 그 이유가 대한문을 옮기는 과정에서 우연히 발견됩니다. 1970년대에 대한문 앞 태평로를 확장하면서 튀어나온 대한문을 밀어 넣고 차도를 넓히는 방안이 논의되었습니다. 이때 대한문이 33m 후진을 하는데, 이 과정에서 건물의 이력이 적힌 상량문 한 통이 모습을 드러냈습니다.

> "황하가 맑아지는 천재일우의 시운을 맞았으므로 국운이 길이 창대할 것이고 한양이 억만 년 이어갈 터전에 자리했으니 문 이름으로 특별히 건다. 이에 대한이란 정문을 세우니 …(중략)… 단청을 정성스레 칠하고 소한, 운한의 뜻을 취했으니 덕이 하늘에 합치하도다."
>
> _〈대한문상량문〉(1906)

고종은 한양의 번영을 꿈꾸며 정문에 '대한'이라는 이름을 붙였습니다. 한양을 대한제국의 수도로 인정하며 새로 시작될 황제의 국가가 영원히 지속되기를 바라는 소망을 담았던 것입니다.

황제의 흔적을 찾아서 1, 중화전

야심 차게 새로운 나라를 연 고종은 경운궁 곳곳에 이곳이 황제가 사는 궁임을 알리는 상징을 채워 넣었습니다. 한번 찾으면 그 뒤로는 계속 그것만 보이실 텐데, 같이 찾아볼까요?

대한문으로 들어서 앞으로 쭉 걷다 보면 우측에 중화문이 있습니다. 중화문을 지나면 보이는 전각이 덕수궁의 정전, 중화전입니다. 얼핏 보면 다른 궁의 전각과 다를 게 없다는 생각이 들기도 할 테지만, 자세히 보면 좀 다릅니다. 다른 궁에선 흔히 볼 수 없는 황금색이 정말 많이 쓰였지요. 조선 역대 왕들의 모습을 상상해보세요. 태조, 세종, 정조 등등 얼굴 생김새는 각각 달랐을지언정 입고 있는 용포만큼은 빨간색 아니면 파란색이었습니다. 그 이유는 철저한 동아시아의 질서 때문이었지요.

제후국이었던 조선의 왕들은 황금색 용포를 입고 싶어도 입을 수 없었습니다. 황금색은 하늘의 아들인 황제만 사용할 수 있는 색깔이었으니까요. 하지만 황제의 국가가 새롭게 열렸으니 이젠 상황이 좀 달라졌겠죠? 고종 황제는 집에도 황금색을 잔뜩 사용하고 의복도 황룡포를 입었습니다.

이번엔 둘로 나뉜 정전 앞 기단 중 아랫부분에 해당하는 하월대 답도로 가보겠습니다. 답도에 동물이 그려져 있는데, 자세히 보면

중화전 하월대 답도의 쌍용.

상상 속의 동물인 두 마리의 용입니다. 이 쌍용도 황제의 상징이지요. 조선 최초의 법궁인 경복궁에서도 답도에 쌍용이 그려진 건 보실 수 없습니다. 가마가 지나는 답도에 용을 그려 넣을 수 있는 사람은 황제뿐이었기 때문입니다.

조금 더 섬세하게 황제궁의 상징을 찾아보겠습니다. 중화전 내부로 고개를 넣어 천장을 바라보면 용이 그려져 있습니다. 이번엔 그 용이 몇 개의 발톱을 가졌는지 집중해서 살펴보세요. 꼬리 빼고 비늘 빼고 발톱만 잘 보셔야 합니다. 몇 개의 발톱이 보이시나요?

정답은 5개입니다. 5개의 발톱이 달린 오조룡. 이것도 황제 궁의

중화전 내부 천장의 오조룡.

상징입니다. 왕이 사는 곳엔 발톱이 4개 있는 사조룡이 있다고 하니, 동아시아의 칼 같은 질서가 새삼 아찔하지 않나요.

황제의 흔적을 찾아서 2. 석조전

오조룡이 남긴 여운을 뒤로하고 중화전을 바라보던 시선을 왼쪽으로 돌려보겠습니다. 궁 안에 이렇게 서구적인 건축물이 세워져 있어도 될까 싶은 건물이 하나 보입니다. 돌로 만든 집, 석조전입니다.

너무도 근대적인 모양새에 누군가는 일제 강점기의 잔재 아니냐며 인상을 찌푸리기도 하는데, 마음 놓으세요! 누군가 덕수궁에서 고종의 염원이 가장 많이 담긴 공간을 하나만 꼽으라면 주저없이 답하고 싶은 공간이 석조전이거든요. 이름의 뜻을 풀면 '돌로 만든 집'입니다. 정문인 대한문 하나에도 한양이 커진다는 의미를 담아내던 고종의 궁에서 가장 재미없는 이름이지 않을까 싶지만,

돌로 집을 짓다, 석조전.

어떤 이름들은 시대적 맥락 속에서 더 큰 의미를 갖습니다.

대표적인 예가 석조전입니다. 고종이 황제로 우뚝 선 그 시기엔 돌로 집을 짓는다는 것 자체가 '근대'를 상징했습니다. 전통적인 목재 건축물이 아닌 돌로 집을 지을 수 있는 기술을 보유한 국가라는 자부심이 '석조전'이라는 이름 속에 담겨 있습니다.

금색도, 용도 없는 석조전에 고종은 어떤 흔적을 남겼을까요? 기둥을 따라 올라가면 보이는 삼각 지붕 박공(페디먼트) 안의 꽃을 보세요. 저 꽃은 뭘까요? 열에 여덟 분은 무궁화를 외치겠지만, 오얏꽃입니다. 오얏꽃 리李, 즉 조선의 이씨 왕조를 계승한다는 의미로 오얏꽃을 대한제국의 문장으로 삼았습니다. 고종은 이 석조전에 큰 기대를 하고 있었습니다. 하루빨리 공사가 끝나 대한제국의 어엿한 궁전으로 사용할 수 있길 바랐죠. 하지만 일제는 뒤늦게 체급을 올린 고종 황제가 자주적으로 근대국가를 만들도록 가만두고 보지 않았습니다.

이왕가미술관, 석조전의 자부심을 짓누르다

등나무 벤치를 지나 석조전을 향해 걷다 보면 석조전을 '복사+붙여 넣기'한 것 같은 건축물을 먼저 만나게 됩니다. 이 공간도 고종의 꿈이 서려 있는 곳이냐고 묻는다면, 안타깝게도 그렇지 않습니다. 석조전의 서쪽에 자리해 '석조전 서관'이라 불리는 이 건물은 1938년에 일제가 완공했습니다. 오늘날 국립현대미술관 덕수궁관으로 사용하고 있는데, 당시에도 전시를 목적으로 지었죠. 석조전과 닮은 이곳을 지어 올린 뒤, 일제는 '이왕가미술관'이라 이름 붙였습니다. 이곳은 황제가 사는 신성한 궁궐입니다. 궁궐에 미술관을 짓는다는 건, 다시 말해 누구나 돈만 내면 문지방 닳도록 황제가 사는 공간에 드나들 수 있게 격을 낮추는 행위였습니다.

일제가 궁의 격을 낮추기 위해 미술관을 지었다는 것을 알 수 있는 또 다른 증거는 이름입니다. 태조 이성계로 시작된 이씨 왕조의 뜻을 이어받아 오얏꽃을 황실 문장으로 사용하던 대한제국의 법궁에 '이씨 왕가'라는 표현을 사용한 미술관을 지은 것이죠. 이것만 보더라도 조선과 대한제국의 역사를 존중하지 않았다는 걸 알 수 있습니다.

위치도 가깝고 생김새도 닮은 석조전과 석조전 서관. 하지만 두 건물에 담긴 의미는 너무나도 다릅니다. 석조전 공사가 한창이던 1900년대와 석조전 서관이 신축된 1938년 사이, 과연 경운궁엔 무슨 일이 벌어졌던 걸까요?

중명전과 돈덕전,
궁궐 밖 전각과 권력 밖 황제

그 일들을 알아보기 위해선 덕수궁을 잠시 벗어나야 합니다. 돌담길을 따라 걷다가 국립정동극장 왼쪽으로 들어서면 중명전과 돈덕전이 보입니다. 이 전각들은 어쩌다 궁궐 밖에 놓이게 된 걸까요? 어쩌면 이 전각들의 운명이 그 당시 경운궁에 일어났던 일, 더 나아

을사늑약이 체결된 중명전.

가 대한제국에 일어났던 일의 스포일러인지도 모르겠습니다.

석조전을 한참 짓고 있던 1905년, 일제는 중명전, 당시 수옥헌에서 조선의 외교권을 박탈한다는 내용의 을사늑약을 강제로 체결합니다. 나라 대 나라로 말할 수 있는 권리를 윽박질러 가져갔으니 가만히 두고 볼 수만은 없었던 고종은 다른 나라에 친서를 보내 대한제국의 억울함을 알리려 했습니다.

순종의 즉위식이 열린 돈덕전.

1907년에는 네덜란드 헤이그에서 열린 만국평화회의에 이준, 이위종, 이상설, 이렇게 3명의 특사를 파견해 조약이 무효임을 호소하려고 했죠. 하지만 일제가 미리 손을 써놓은 탓에 특사들은 만국회의장에 입장할 수조차 없었습니다. 이 사건을 빌미로 일제는 외교권 없는 국가의 황제가 외교권을 행사했다며 고종을 폐위시켜 버립니다.

돈덕전은 폐위된 고종의 뒤를 이어 황제가 된 순종이 즉위식을 한 곳입니다. 순종은 고종을 태황제라 부르고, 경운궁을 덕수궁이라 명명합니다. 덕수德壽, 즉 선왕의 덕과 장수를 기원한다는 의미이지요. 좋은 뜻 같지만, 모든 권력을 빼앗긴 고종에게 바랄 수 있는 것이 몸 건강히 오래 사는 것밖에 없었음을 내포하는 이름이라 가슴 아픕니다.

1907년 폐위된 고종은 그날 이후, 한양의 번영을 꿈꾸며 자리 잡았던 덕수궁에서 행정권과 사법권 그리고 주권까지 앗아가는 일제의 만행을 바라봅니다. 대한제국이 식민지 조선이 되고, 한성부가 경기도 행정 지역인 경성으로 전락하고, 나라 잃은 백성들이 고통받는 순간들을 말입니다.

두루 평안한 함녕전, 끝내 평안하지 못한 황제

고종의 침전인 함녕전은 '두루 평안하다'라는 의미를 지닙니다. 1919년 1월 21일, 고종이 이곳 함녕전에서 갑작스럽게 승하했습니다. 예상치 못했던 선왕의 죽음에는 많은 의혹이 잇따랐습니다. 시신을 확인한 신하 윤치호의 기록이 의구심을 더했지요. 시신의 몸이 의복을 갈아입히기 어려울 정도로 부어 있고, 치아가 빠져 있었으며, 목에서 배까지 검은 줄이 발견되는 등 일반적인 시신과 비교했을 때 특이점이 많았다는 사실이 밝혀지면서 고종의 독살설이 점화되었습니다.

이런 상황에서 더 문제가 되었던 건 일제의 태도였지요. 1월에 승하한 왕의 장례는 언제쯤 치렀을까요? 조선에서 왕의 장례는 정해진 절차에 맞춰 6개월간 진행해야 하는 중요한 행사였습니다. 하지만 고종의 장례 일자는 3월 3일로 정해졌고, 절차는 일제의 장례 방식에 맞춰 대폭 간소화됐습니다. 왕은 모두가 두루 평안하다는 함녕전에서 의문 속에 숨을 거두었고, 떠나는 사람도 보내는 사람도 마지막까지 한스러운 마음을 감출 수 없었습니다.

1919년 3월 1일 그날

고종이 의문 속에 비운의 삶을 끝내던 그때, 세상은 어떤 모습을 하고 있었을까요? 1919년은 일제 강점으로 나라를 잃은 지 10년이 되는 해였습니다. 10년 동안 조선인들은 나라 잃은 백성으로 갖은 고통과 치욕을 겪어야 했습니다. 내 땅에서 농사지을 자유, 바다의 물고기를 잡는 자유까지도 억압받았습니다. "조선 놈들은 맞아야 말을 듣는다"라는 폭력적인 말이 저잣거리에 만연했고, "일본 헌병

중화전 뒤편, 즉조당과 석어당.

서울신문

이 재판 없이 조선인을 즉결 처분할 수 있다"라는 규칙은 그 만연한 말에 강력한 힘을 실어줬습니다.

조선인들이 고통 속에 10년을 사는 동안, 세계에는 어떤 변화가 있었을까요? 제국주의 패권 다툼이 극에 달하며 제1차 세계 대전이 발발했습니다. 1914년부터 1918년까지 이어진 전쟁은 1000만여 명의 무고한 희생자를 낳고 연합국의 승리로 일단락됩니다. 지난했던 전후 처리를 위해 각국의 정상들은 프랑스 파리 베르사유 궁전에서 파리강화회의를 진행하는데, 이 회의를 앞두고 미국 대통령 윌슨이 놀라운 발언을 합니다. 각 민족은 정치적 운명을 스스로 결정할 권리가 있다는, 민족자결주의가 바로 그것이었죠. 조선의 지식인들은 이 발언에서 실낱같은 희망을 발견합니다.

10년간 식민지 땅에서 핍박받던 조선인들의 나라를 되찾겠다는 마음이 응집되기 시작합니다. 언제 터져도 이상하지 않았던 이들의 울분은 황제가 갑작스러운 죽음을 맞이하면서 마침내 들끓습니다. 1919년 3월 1일, 탑골공원에 모여든 사람들로부터 시작된 만세 행렬은 전국을 뜨겁게 달구었습니다. 물론 알고 있습니다. 그날의 열기와는 별개로 그 이후로도 20년 넘게 나라를 되찾지 못했죠.

그러나 국민이 앞장서서 목소리를 낸 기억은 모두에게 깊이 새겨졌습니다. 대한제국의 백성들은 또 다른 황제를 기다리는 것이 아니라 국민이 주인인 새로운 국가의 밑그림을 그렸습니다. 이따금 얼룩진 흔적이 아쉬운 지점도 분명 있었지만 어긋난 부분을 지우고 다시 그려가며 지금의 대한민국이 되었습니다. 빌딩 숲 사이 자리 잡은 작은 궁궐은 100여 년 넘게 이어진 국민들의 목소리를 고스란히 기억하고 있습니다. _가이드 J

덕수궁		
	주소	서울시 중구 세종대로 99
	찾아가기	지하철 1·2호선 시청역 1번 출구에서 도보 1분
	운영 시간	09:00~21:00(입장 마감 20:00)
	휴관일	월요일(공휴일과 겹칠 시 다음 날 휴궁)
	입장료	만 25~64세 1000원
	홈페이지	www.deoksugung.go.kr
	인스타그램	@deoksugung_korea

더 알아보기

나라를 지키는 구본신참의 힘, 광무개혁

열강의 야욕으로부터 조선을 지키기 위해 고종은 스스로 황제의 자리에 올라 국가의 체급을 올렸습니다. 하지만 국가 이름을 바꾸고 왕이 황제가 되었다고 해서 없던 국력이 저절로 생기는 건 아니었지요.

고종이 황제로 즉위한 1897년부터 자주 근대화를 위한 대대적인 개혁이 일어납니다. 바로 대한제국의 연호 광무를 붙인 '광무개혁光武改革'입니다. 광무개혁의 핵심은 황제의 권력을 강화하고 그 힘으로 국방, 경제, 산업, 교육 등 다양한 분야에서 외세의 도움 없이 자주적인 근대국가를 만드는 것이었습니다.

그러기 위해선 먼저 황제의 권력을 강화해야 했죠. 고종은 황제의 막강한 권력을 행사할 수 있는 헌법 '대한국 국제'를 발표합니다. 그리고 황제의 경제력을 뒷받침하기 위해 근대적 토지 조사 사업을 펼쳐 고르게 세금을 걷고, 땅 주인에게 오늘날 인증서와 같은 지계를 발행합니다. 산업 분야에서는 '식산흥업殖産興業'이라는 상공업 진흥정책을 펼쳐 방직, 제지 공장 등을 직접 세우고 민간 제조회사의 설립을 지원했습니다. 또 현장에서 일할 수 있는 인재를 양성하기 위한 상공 학교, 외국어 학교 등을 세웠습니다. 뿐만 아니라 유학생을 직접 선발해 파견하기도 했죠. 게다가 근대의 문물, 다시 말해 시공간의 제약을 줄여주는 전차, 철도, 전화, 전기 등을 한반도에 뿌리내리게 하는 데도 혁혁한 공을 세웠습니다.

강한 나라를 만들기 위해 반드시 쥐고 가야 하는 국방과 외교 역시 소홀히 하지 않았습니다. 국방력을 튼튼히 하기 위해 육군무관학교를 세우고 황제를 호위하는 근위부대를 양성했으며, 세계 속에 대한제국을 선보이기 위해 1900년 만국박람회에도 참가했습니다. 우리의 국기와 국가를 처음 만든 것도 이때입니다. 고종 황제는 자주적인 근대국가를 만들기 위해 여러 방면에서 고군분투했습니다. 하지만 애석하게도 열강은 그 노력을 가만히 두고 보지 않았지요.

정동

구한말, 정동의 외국인들을 만나는 여행

여정 08

서울시 중구 덕수궁 북서쪽 일대
배재학당역사박물관
Appenzeller/Noble Memorial Museum

덕수궁을 끌어안고 선 돌담은 계절을 타지 않고 일 년 내내 아름답습니다. 돌담이 늘어선 길에선 몇 걸음만 떼도 학교와 교회, 성당과 대사관, 궁궐과 미술관이 연이어 등장하지요. 정동을 걷다 문득 궁금해졌습니다. 구한말, 정동 땅을 밟았던 푸른 눈의 이방인들은 이 길 위에서 어떤 표정을 지었을까요? 정동을 걸으며 구한말 조선에 살던 특별한 사람들을 따라가 봅니다.

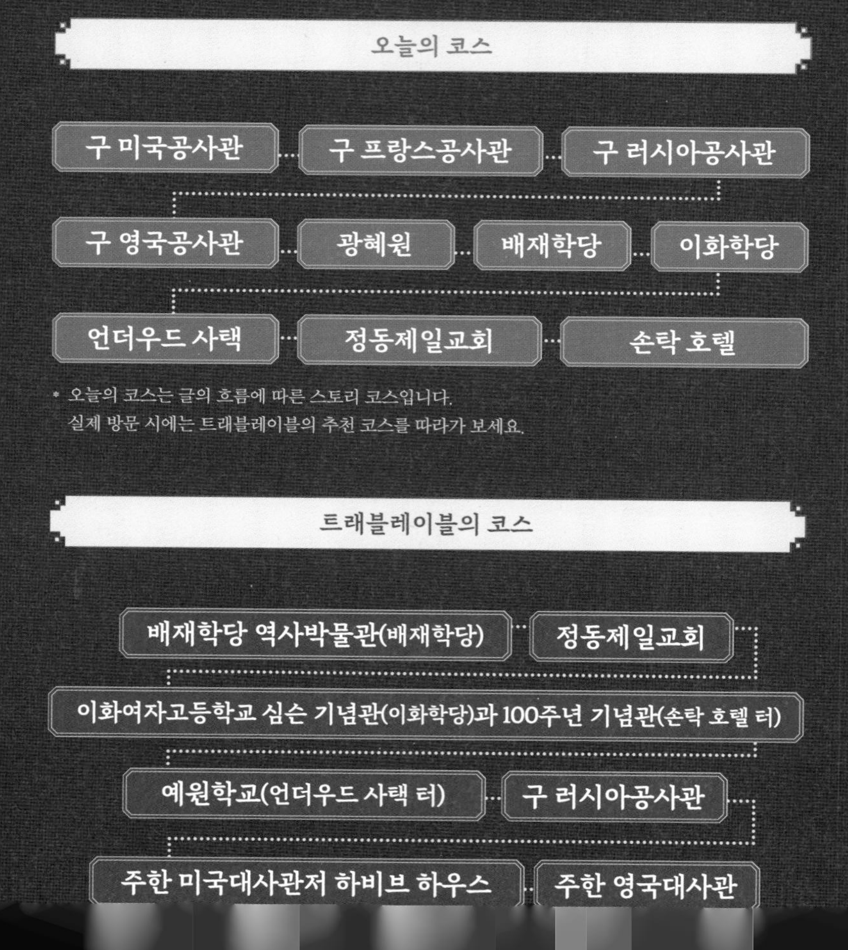

* 오늘의 코스는 글의 흐름에 따른 스토리 코스입니다.
실제 방문 시에는 트래블레이블의 추천 코스를 따라가 보세요.

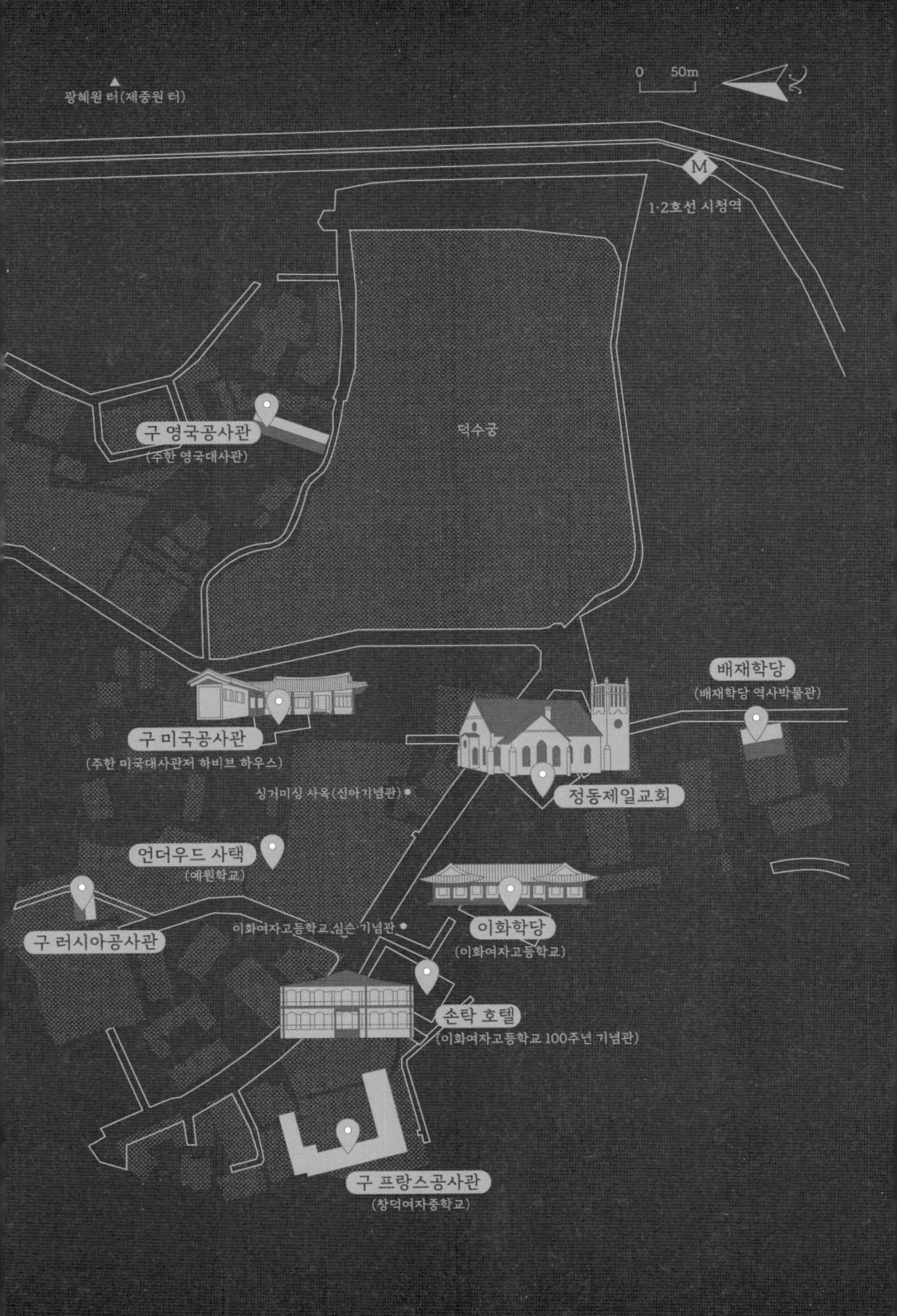

광혜원 터(제중원 터)
0 50m
1·2호선 시청역
M
덕수궁
구 영국공사관
(주한 영국대사관)
배재학당
(배재학당 역사박물관)
구 미국공사관
(주한 미국대사관저 하비브 하우스)
정동제일교회
싱거미싱 사옥(선아기념관)
언더우드 사택
(예원학교)
구 러시아공사관
이화여자고등학교 심슨 기념관
이화학당
(이화여자고등학교)
손탁 호텔
(이화여자고등학교 100주년 기념관)
구 프랑스공사관
(창덕여자중학교)

미국공사관 그리고 정동의 1호 외국인 푸트

덕수궁 돌담길을 따라 걷다 보면 철문에 가로막힌 건물을 하나 만나게 됩니다. 정문 입구에 미국의 상징, 독수리가 그려진 이 건물은 주한 미국 대사가 생활하는 관저입니다. 140여 년 전인 1883년에 이 집에서 지냈던 사람이 정동에 산 첫 번째 외국인, 미국 국적의 루시어스 하워드 푸트입니다.

푸트의 조선행에 영향을 미친 것은 청나라의 정치가 이홍장이었습니다. 19세기 무렵 러시아와 일본이 조선 땅에 관심을 갖자, 청나라는 한반도를 다른 나라에 내어주게 될까 봐 초조해졌습니다. 그래서 조선 땅에 관심 없어 보이는 미국을 싸움판에 끌어들여 두 나라의 독주를 막고 싶어 했죠. 변수는 고종이었습니다. 타국과 수교하지 않던 조선의 왕, 고종은 미국과 수교하라는 이홍장의 조언에 마음이 움직이지 않았기 때문입니다. 그러나 오랜 설득 끝에 고종은 마음을 열게 되지요.

1882년 미국은 서양 국가 최초로 조선과 조미수호통상조약을 체결합니다. 조선과 미국이 수교를 하게 되었으니, 미국 공사가 조선에 머물러야겠지요. 이런 이유로 이듬해 조선에 도착한 푸트는 명성황후의 친지였던 민계호와 민영교의 집을 사들여 미국공사관으로 만들었습니다.

조선은 미국을 기점으로 영국, 러시아, 프랑스, 벨기에, 이탈리아 등 다양한 국가와 수교를 시작합니다. 이역만리에서는 비슷한 상황의 외국 사람만 만나도 반가운 것이 인지상정. 동아시아 끝에 자리한 작은 나라, 조선에 대한 정보가 전혀 없던 서양 사람들은 자연스럽게 푸트가 자리 잡은 정동 부근으로 거주지를 정합니다. 태조 이성계의 계비, 신덕 왕후 강씨의 무덤인 정릉이 있어 "정동"으로 불리던 작은 동네는 이때부터 외국인이 가득한 외교 타운으로 급부상합니다.

외교 타운 정동을 채운 공사관들

1883년 정동에 들어선 미국공사관을 시작으로 1884년 영국,

1885년 러시아, 1889년 프랑스, 1891년 독일 등 각국의 공사관이 자리 잡은 정동 일대를 당시 사람들은 공사관 거리라고 불렀습니다. 타국에서 공사관은 국가의 얼굴과도 같습니다. 심지어 각국 공사관이 몇 걸음만 걸으면 닿을 수 있는 위치에 있을 땐 더욱 비교가 되었겠지요.

초기엔 비슷비슷한 한옥 건축물을 사용하던 각국 공사관들은 인접한 타국 공사관을 의식해 대대적인 공사를 진행합니다. 시간이 흐른 탓에 지금은 당시 공사관의 외관을 확인할 수 없지만, 남겨진 기록과 사진이 그 시절의 경쟁을 보여줍니다.

먼저 프랑스입니다. 지금의 창덕여자중학교 자리에 있던 프랑스 공사관은 프렌치 르네상스 양식으로 지은 건물이었는데요. 아치형 창문, 디테일한 장식으로 화려한 자태를 뽐냈습니다.

당시 패권을 쥐고 있던 러시아도 질 수 없었죠. 지금은 탑만 남아 있어 과거의 모습을 상상하기 어렵지만, 러시아공사관 역시 르네상스 양식의 2층 벽돌집으로 훌륭한 외관을 자랑했다고 알려져 있습니다. 조선 정부에 고용되어 숱한 건축물을 만든 러시아 건축가, 사바틴이 이 건물의 설계를 맡았습니다. 입구에 개선문과 같은 아치형 문이 서 있었고, 각국의 공사관 중 가장 고지대에 위치한 덕에 러시아공사관에서는 정동 일대를 훤히 내려다볼 수 있었습니다.

이에 뒤질세라 영국은 1890년대에 한옥 건물을 철거하고 당시엔 흔하지 않던 콘크리트를 사용해 공사관을 다시 짓습니다. 붉은 벽돌

1 구 미국공사관. 2 구 프랑스공사관. 3 구 러시아공사관. 4 구 영국공사관.

* 출처: 구 미국공사관 사진은 국사편찬위원회 수집, 미국 국회도서관 소장. 나머지는 호머 헐버트, 『대한제국멸망사the passing of Korea』(1906)에서 발췌.

의 2층 건물로, 영국 빅토리아 양식에 영국의 식민지였던 인도 건축 스타일을 더해 만들었다고 합니다. 현재도 영국대사관으로 사용하고 있어 유일하게 오늘날 그 모습을 확인할 수 있는 건축물이기도 하죠.

그렇다면 화려한 공사관이 즐비한 이곳 정동에 가장 처음 발을 들여놓은 미국공사관은 어떤 모습이었을까요? 놀랍게도 미국공사관은 벽돌을 이용해 외관을 보수하고 내부를 입식으로 개조했을 뿐, 자국의 위엄을 드러내는 대대적인 재건축은 진행하지 않았습니다. 이는 푸트의 취향이었다기보다는 미국 정부가 재정적 지원을 해주지 않았기 때문이라고 합니다. 이 사실에 집주인 푸트보다 부끄러워한 미국인이 있습니다. 그의 일기를 들여다볼까요?

> "건물은 넓은 부지와 나무가 우거진 정원에 있었다. 뜰에는 큰 잔디밭이 쭉 뻗어 있어서 안락하고 예술적인 거주지를 이루고 있었지만, 공사관 건물은 다른 나라가 세우는 거대한 공사관 건물에 비교하면 도저히 믿어지지 않을 만큼 초라한 것이었다."
>
> _호러스 뉴턴 알렌, 『조선견문기Things Korean』(1908)

공사관이 초라해서 마뜩잖았던 이 남자, 알렌은 누구일까요? 조선에 살던 또 다른 외국인 알렌을 따라가 보겠습니다.

선교사가 세운 병원과 학교

알렌은 1884년에 조선 땅을 밟은 선교사였습니다. 당시 고종은 선교사가 포교 활동을 하지 않는다는 전제하에 의료 시설과 교육 시설을 짓고 운영하는 것을 허락했습니다. 그렇게 알렌은 선교사가 아닌 외국 거류민단을 위한 의사의 신분으로 조선에 거주합니다.

그가 조선에 온 지 3개월쯤 지난 어느 겨울, 갑신정변으로 고위 관리이자 명성 황후의 친척 조카이기도 했던 민영익이 개화파 이규완이 휘두른 칼에 찔려 크게 다치는 일이 벌어집니다. 알렌은 서양의 의술을 이용해 조선 최초의 '수술'을 진행했고, 덕분에 민영익은 가까스로 목숨을 건졌습니다. 이 일을 계기로 고종에게 큰 신임을 얻은 알렌은 1885년 병원을 세우게 해달라고 청합니다. 최초의 서구식 병원인 광혜원이 재동에 세워지는 계기가 된 순간이었죠. 병원이 생기고 환자는 넘쳐나는데 의료인이 부족하자 알렌은 미국 북장로회에 도움을 청했고, 그의 요청을 받고 조선에 온 선교사들이 정동과 떼려야 뗄 수 없는 언더우드와 스크랜튼이었습니다.

비슷한 시기, 감리교의 선교사 역시 정동에 자리를 잡았습니다. 배재학당을 만든 장본인, 아펜젤러입니다. 정동길을 지키고 선 배재학당 역사박물관은 140여 년 전, 아펜젤러가 만든 배재학당이 있던 자리입니다. 비록 아펜젤러는 일제 강점기 전, 불의의 사고로 세상을 떠나지만 배재학당을 통해 근대식 교육을 받은 학생들은 식민지 조선의 독립운동가로 자라납니다.

기독교대한감리회 여선교회 선교사 스크랜턴은 배울 기회가 없던 조선의 여학생들에게 눈길이 갔습니다. 여성이 학업에 임하는 건 꿈도 꿀 수 없던 시절, 스크랜턴은 배꽃 같은 여자아이들의 교육 공간으로 이화학당을 개교합니다. 그러나 학교가 처음 생겼을 때는 부모들이 등교를 허락하지 않아 재학생이 몇 되지 않았습니다. 그럼에도 이화학당으로 하나둘 모여든 여학생들은 열심히 공부해 최초의 여자 의사와 3·1만세운동의 주역이 되었습니다.

현재 이화여자고등학교 내 건물 중 가장 오래된 건축물인 심슨

약 100년 전 교실의 모습. 배재학당 역사박물관.

국가등록문화재인 이화여자고등학교 심슨 기념관.

기념관은 이화학당의 건물로 사용했던 곳입니다. 이화학당 건너편 예원학교 운동장은 스크랜턴과 함께 정동에 자리 잡은 언더우드의 집이 있었던 장소지요. 언더우드 사택은 우리나라 최초의 보육원으로 알려져 있는데, 굶주리고 헐벗은 조선 아이들에게 마음이 쓰였던 언더우드는 자신의 집에 아이들을 데려와서 가르치고 키워냈습니다. 그러다 그는 연희동 일대 부지를 사들여 새롭게 학교를 설립합니다. 이곳이 오늘날 연세대학교의 모태인 경신학교입니다.

근현대사를 공부하다 보면 3·1만세운동의 주역들 중 상당수가 선교사 학교 출신이라는 사실을 발견하게 됩니다. 이는 우연한 일이 아닙니다. 선교사들이 정동에 자리 잡기 전까지 조선에서 배움은 특수 계층의 몇몇 신분에만 허락된 일이었습니다. 인간의 도리, 사람 사이의 관계 등 급변하는 세계정세에 적용하기엔 괴리가 있는 내용을 배우고 스승의 말은 무조건 따라야 하는 서당과 달리, 학생의 자치와 권리를 인정해준 근대식 학교들은 조선 아이들에게 권리를 주장하고 평등을 추구하며 사는 방식을 일깨워주었습니다.

정동제일교회,
유행가부터 독립운동까지

정동을 걸을 때 가장 먼저 생각나는 노래는 단연 이문세의 〈광화문 연가〉입니다. "눈 덮인 쓸쓸한 교회당"이란 노랫말은 아직 정동길을 지키고 서 있는 정동제일교회를 지칭합니다.

정동제일교회의 역사는 1885년에 시작되었습니다. 언더우드가 자신의 집에서 집 없는 조선의 아이들을 위한 교육을 시작했다면, 아펜젤러는 그의 집에서 예배를 시작했습니다.

물론 과정은 순탄치 않았습니다. 1888년엔 포교금지령이 떨어져 남성은 아펜젤러의 사택에서, 여성은 이화학당에서 은밀하게 예배를 드렸다고 합니다. 그러나 1894년 발발한 청일전쟁을 겪으며 상황이 달라졌습니다. 조선을 탐내는 일본과 청나라를 지켜보던 고종은 살아남기 위해서는 서양 세력과 가까워져야 한다고 생각합니다. 게다가 조선의 백성들 역시 예배당을 대피소로 여기며 찾아든 탓에 청일전쟁 막바지엔 예배당 신도가 200여 명이었다고 합니다. 정부의 제재가 느슨해진 틈을 타, 조선 감리교 지도자들은 많은 신도를 수용할 수 있는 교회를 짓기 시작했지요. 1897년에 지은 이 건물이 정동을 지키고 선 우리나라 최초의 감리교회인 정동제일교회입니다.

최초로 세운 감리교회 안엔 또 다른 최초가 있습니다. 1918년에 봉헌된 우리나라 최초의 파이프오르간입니다. 정동성가대는 파이프오르간의 아름다운 선율을 따라 한 목소리로 찬송가를 불렀고, 성가대 활동을 하면서 음악에 눈뜬 어린 학생들은 훗날 음악가가 되기도 했습니다.

찬송가로 대표되는 서양 음악이 조선 땅에 알려지면서 유행가의

조그만 교회당의 힘, 정동제일교회.

형태도 사뭇 달라졌습니다. 이전까지는 판소리와 타령이 전부였던 유행가 가락이 찬송가에 우리 가사를 붙인 창가로 바뀌게 되었죠.

조그만 교회당의 힘이 발휘된 것은 여기서 끝이 아닙니다. 모두가 한 목소리로 "대한독립만세"를 외친 1919년 3월 1일, 그날의 중심에도 정동제일교회가 있었습니다. 일제의 무자비한 헌병경찰통치로 결사의 자유가 없던 1910년대, 사람들이 모여도 비교적 탄압이 덜했던 집단이 종교계였습니다. 이런 이유로 민족 대표 33인은 기독교, 불교, 천도교 인사로 구성되었는데, 기독교계 인사 중 2명이 정동제일교회의 목사와 전도사였습니다. 커다란 파이프오르간 뒤에서 유관순 열사를 비롯한 학생들이 독립선언서를 찍어냈다는 일화는 잘 알려져 있지요.

역사적인 그날, 셀 수 없이 많은 교인이 거리에서 만세를 외쳤습니다. 이로 인해 교회는 폐쇄되었고, 정동제일교회의 교인이자 이화학당의 학생이기도 했던 유관순 열사는 옥고를 치른 끝에 시신으로 돌아와 이곳에서 장례를 치렀습니다.

손탁 호텔과 정동구락부, 사교 문화의 장

교회를 등지고 걸으려는데 손에 와플을 든 연인들이 보입니다.

"덕수궁 와플집"으로 유명한 그곳에서 사온 모양입니다. 지금이야 원하면 언제든지 먹을 수 있는 것이 빵과 커피지만, 100년 전 조선에선 구하기도 어려웠을 테지요.

정동에 살던 외국인들이 얼마나 고통스러웠을지 공감하다 그들에게 한 줄기 빛과 같았을 그 여자를 떠올립니다. 프랑스와 독일 국경에 있는 알자스로렌 지방 출신이라 프랑스어와 독일어는 물론 러시아어까지 능통했던 지식인. 외국인들은 물론 고종의 입맛과 마음까지 사로잡은 그녀는 마리 앙투아네트 손탁입니다.

손탁은 1885년 러시아 공사였던 베베르를 따라 조선 땅을 밟았습니다. 언어 감각이 탁월했던 그녀는 조선어도 빠르게 습득해 명성황후의 마음을 사로잡았다고 전해집니다. 손탁의 매력은 이뿐만이 아니었습니다. 그녀는 사람을 접대하는 능력뿐 아니라 음식 솜씨도 말할 수 없이 훌륭해 정동의 외국인들이 손탁의 음식을 사랑했다고 하죠. 그러자 고종과 명성 황후 역시 타국에서 온 귀빈을 접대할 때마다 손탁에게 도움을 청했다고 합니다.

뒤늦게 외교에 뛰어든 고종 입장에서는 맡은 일을 늘 잘해내는 손탁이 얼마나 고마웠을까요. 고종은 마음을 담아 손탁에게 한옥을 한 채 선물했는데, 이 집에 투숙객을 받은 것이 손탁 호텔의 시초였습니다. 그러나 인기에 비해 방이 5개밖에 안 되는 작은 규모였죠. 대한제국 측에서도 외교 사절단이 왔을 때 대접할 만한 공간이 필요하다고 여기던 때였기에 1902년, 손탁 호텔은 새로운 부지에서

손탁 호텔 엽서, 국립민속박물관 소장.

비교할 수 없을 만큼 큰 규모로 재개장합니다.

지금의 이화여자고등학교 100주년 기념관 부근에 있었던 이 호텔은 2층짜리 서구식 건축물이었는데, 약 25개의 방에 묵을 수 있는 투숙객은 외교 사절과 귀빈 등 일부의 예약 손님뿐이었습니다. 그럼에도 불구하고 손탁 호텔은 늘 정동에 사는 외국인들로 문전성시를 이뤘지요. 그 이유는 호텔 1층에 있던 커피숍 때문이었습니다. 커피 한잔이 간절했던 서양인들이 유일하게 자국의 커피 맛을 느낄 수 있는 곳이 조선 최초로 문을 연 손탁 호텔의 커피숍이었거든요.

이곳에 수많은 서양인이 드나들자 자연스럽게 서구열강과 교류를 하며 국가의 새로운 길을 도모하려는 조선인들도 손탁 호텔로 모여듭니다. 손탁 호텔에 모이는 친목 단체 중 가장 유명한 집단은 '정동구락부'였습니다. 참여 인원은 앞서 언급한 선교사 아펜젤러, 언더우드, 프랑스 공사 C.V 플랑시, 민영환, 윤치호 그리고 이완용 등이었습니다. 정동구락부는 일본을 배척하는 성향이 강해 고종의 신임을 등에 업었다고 하는데, 여기에 대표적 친일파인 이완용이 속해 있었다는 것이 역사의 아이러니입니다.

고종과 명성 황후에게 언제나 호의적이었던 손탁의 호텔은 일제의 눈을 피해 조선을 되찾을 계획을 도모하기 좋은 장소였습니다. 그러나 1905년 러일전쟁에서 러시아가 패배하면서 러시아 공사를 따라 조선에 온 손탁의 입장도 난처해집니다. 결국 위기에 처한 손탁은 호텔을 처분하고 프랑스 칸으로 돌아가 그곳에서 세상을 떠나죠. 손탁 호텔은 1917년 이화학당의 기숙사 건물로 바뀌었다가 1922년 철거되고, 2006년 이화여자고등학교 100주년 기념관이 세워지게 됩니다.

대한민국의 오래된 미래,
정동

정동은 140여 년 전만 하더라도 조선의 모든 '최초'가 몰려드는 별세계였습니다. 이 좁은 골목길 위에 조선인과 이방인이 각자의 문화를 꺼내놓고 더불어 사는 방법을 고민했습니다. 정동의 외국인들은 자신들과 180도 다른 동양인의 생각을 배우며 놀랐고, 시민이 아닌 백성으로 머물던 조선인들은 전통 사회의 관습과 신분의 한계에서 벗어나 자유와 평등의 가치를 깨달았습니다.

정동길 곳곳은 백성에서 시민으로 거듭난 조선인들의 흔적으로 가득합니다. 거기서 끝이냐고요? 140여 년 전 낯선 세계에 손을 뻗었던 각기 다른 국적의 정동 주민들을 통해 타인과 공존하는 방법도 배울 수 있답니다. _가이드 J

정동	
주소	서울시 중구 덕수궁 북서쪽 일대
찾아가기	지하철 1·2호선 시청역 1번 출구에서 덕수궁 대한문 옆 돌담길까지 도보 1분

더 알아보기

유행의 중심,
정동을 달군 핫플레이스

독일인 고샬키의 식료품점, 정동상점

사람이 온다는 것은 문화가 온다는 것과도 같습니다. 머나먼 서양에서 온 사람들은 정동에 새로운 문화를 전파했죠. 조선에 적응한 서양인들도 고향 음식이 생각나는 건 어쩔 수 없는 노릇이었습니다. 이들을 타깃으로 독일인 고샬키가 정동에 식료품점을 열었는데, 더 놀라운 점은 식료품점 광고를 《독립신문》에 실었다는 사실입니다. 당시 광고에 실린 사진을 보면 모카커피, 자바커피는 물론 푸딩과 오트밀까지 다양한 식품을 취급하고 있었지요.

한복에서 양복으로, 싱거미싱 사옥

정동길에 있는 서울 구 신아일보 별관은 1930년대에 건축해 싱거미싱의 사옥으로 사용한 곳이었습니다. 싱거미싱은 1851년 세계 최초로 재봉틀을 개발한 미국 기업으로, 재봉틀은 일제 강점기부터 상류층을 중심으로 보급되기 시작했습니다. 재봉틀로 빠르게 서구식 옷을 지을 수 있었기 때문에 당시 모던 보이와 모던 걸들의 욕구를 충족시킬 수 있었지요. 양장의 보급에는 1895년에 시행된 단발령도 영향을 미쳤습니다. 갓을 쓰던 사람들이 머리를 자르면서 서양 신사들이 쓰는 중절모를 구매하기 시작했기 때문입니다.

100년 전 중앙역을 스쳐간 이들의 여행

여정 09

서울시 중구 통일로 1

오늘의 여행지는 모여드는 사람만큼이나 다채로운 역사가 켜켜이 쌓인 곳, 서울의 중앙역입니다. 한 세기가 넘도록 우리 곁에서 '남대문정거장', '경성역', '서울역'이라는 여러 이름으로 존재해왔죠. 흔히 "옛날 서울역"이라는 별칭으로 불리기도 하는 문화역서울284, 그곳에서 기적 소리가 들려오는 과거로 여행을 떠나봅니다.

오늘의 코스

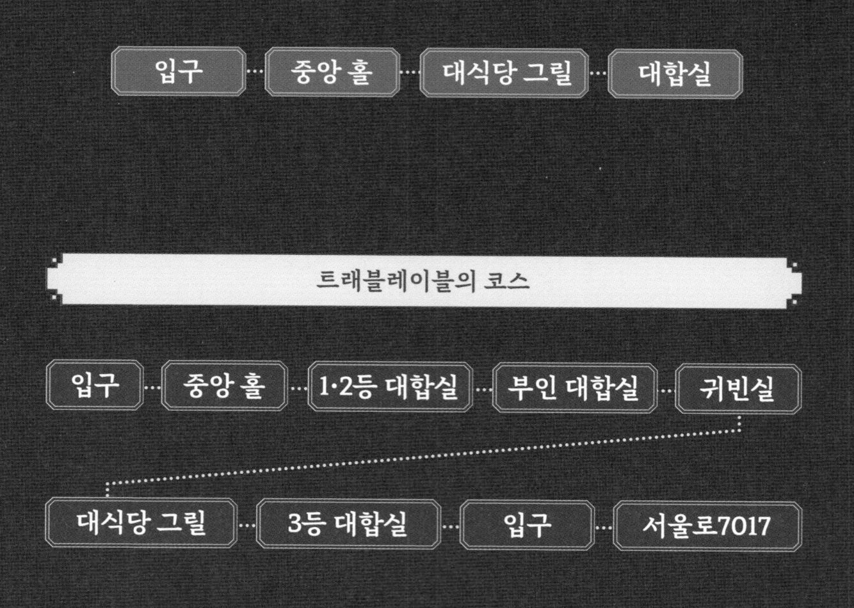

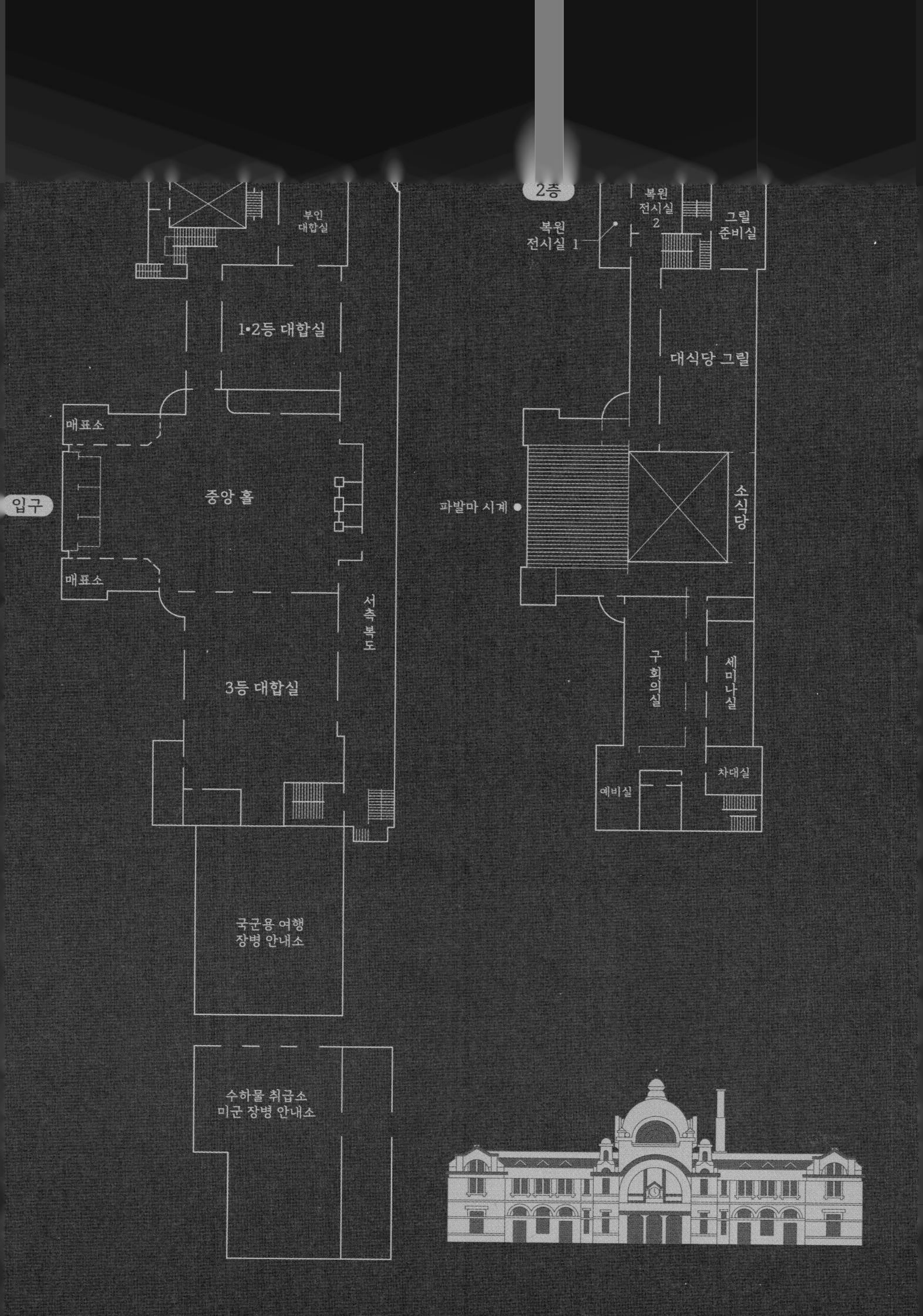

부인
대합실
1·2등 대합실
매표소
입구
중앙 홀
매표소
서측 복도
3등 대합실
국군용 여행
장병 안내소
수하물 취급소
미군 장병 안내소
2층
복원
전시실 2
그릴
준비실
복원
전시실 1
대식당 그릴
파발마 시계
소식당
구회의실
세미나실
차대실
예비실

투어에 앞서

중앙역은 한 도시의 가장 핵심적인 철도역을 의미하지만 교통망의 중심을 뜻하기도 합니다. 경부선과 경의선, 수도권을 가로지르는 지하철 노선이 모이는 서울역은 도심의 중앙역답게 서울 시민 외에도 서울에 막 도착한 사람과 도시를 떠나는 사람으로 항상 북적이죠.

사실 '서울역'이라는 장소의 역사는 서울스퀘어 건물을 등지고 서울역 광장을 정면으로 바라볼 때 신역사 오른쪽에 자리한 오래된 건물에서부터 시작됩니다. 지금처럼 서울을 대표하는 랜드마크가 많지 않았던 1925년, '경성역'이라는 이름으로 짓자마자 경성의 상징이 된 현재의 문화역서울284가 바로 그곳입니다.

지금까지 남겨진 근대 건축물 중 일본 식민 정부와 관련된 것은 그 수가 많지 않습니다. 해방 이후 격동의 역사를 지나오며 일제와

경성역 사진 엽서, 〈경성명소 시리즈〉(8매 1조)**, 서울역사박물관 소장.**

관련된 대부분의 건축물을 철거해왔기 때문이죠. 과거 경성역이었던 문화역서울284는 해방 이후에도 중앙역의 기능을 해와 현재까지 남을 수 있었습니다. 그 모습은 여러 번 바뀌었을지언정 지금은 푸른 돔을 올린 붉은 벽돌 건물, 경성역 시절의 모습으로 복원되어 사적번호 284번의 문화재로도 지정되었습니다.

한눈에 보아도 한국의 전통미는 조금도 찾아볼 수 없는 르네상스식 건축물인데, 정확히 말하면 서양의 온갖 양식을 접합한 절충주의 양식으로 지었습니다. 화려하게 지은 역사 건물에는 식민지 조선 사람들에게 그 세를 과시하는 제국주의의 속성이 담겼습니다. 일제의 조선 식민지화 계획에서 가장 중요한 건 자원 수탈과 무기 운송의 길을 열어줄 철도와 항구였으니 말이죠.

그렇다면 일제 강점 전까지 우리 민족은 철도 건설에 대해 생각하지 못했던 걸까요? 아닙니다. 조선이 미국에 파견한 외교 사절단 '보빙사'와 일본에 보낸 사절단 '수신사'의 활동을 보면 이미 철도의 중요성을 인지했다는 것을 알 수 있습니다. 1876년 당시 한국인 최초로 기차를 탄 1차 수신사 김기수의 기록에선 자신이 본 기차를 이렇게 표현합니다.

> "기차가 우레와 번개처럼 달리고 바람과 비처럼 날뛰었다. 이곳에서 대판까지는 철로를 깔았으므로 화륜거를 타고 가면 하루 동안에 왕복할 수도 있고 또한 마음대로 구경할 수도 있다고 한다."
>
> _김기수, 『일동기유』(1877)

조랑말, 달구지, 인력거가 교통수단이었던 시절, 기차가 달리는 모습은 분명 큰 충격이었을 겁니다. 그럼에도 철도를 건설할 수 없었던 이유는 대한제국의 자금 부족과 일본의 방해 때문이었습니다. 결국 일제에 많은 철도 부설권이 넘어가 버리고 말았지요.

다시 경성역의 이야기로 돌아가 볼게요. 경성역은 1925년에 완공되었다고 합니다. 그렇다면 우리나라 철도의 시작이 1925년일까요? 정답은 1899년입니다. 이때 노량진과 인천의 제물포를 잇는 경인선이 처음 개통되었습니다. 1900년에는 서대문과 제물포를 연결하는 경인선도 개통했지요.

당시 경성의 중앙역 역할을 하던 곳은 바로 목조 건축물인 남대문정거장이었습니다. 남대문정거장의 위치는 현재 서울역에서 서대문역 방향으로 5분 정도만 걸으면 만날 수 있는 염천교 부근이었습니다. 1905년, 남대문정거장은 남대문역으로 이름이 바뀌었고, 1923년이 되어서야 경성역이라는 이름을 갖게 됩니다. 1925년에는 새로운 절충주의식 건축물로 현재 위치에 신축되어 우리가 아는 경성역으로 자리하게 되지요.

경인선이 개통된 후 경성과 부산을 잇는 경부선이 놓입니다. 1908년 경부선 철도 개통에 맞춰 만든 장편 기행체의 창가 〈경부철도가〉도 있습니다.

> "우렁차게 토하는 기적소리에 / 남대문을 등지고 떠나 나가서
> 빨리 부는 바람 같은 형세니 / 날개 가진 새라도 못 따르겠네
> 늙은이와 젊은이 섞여 앉았고 / 우리네와 외국인 같이 탔으나
> 내외 친소 다 같이 익히 지내니 / 조그마한 딴 세상 절로 이루었네"
>
> _최남선, 〈경부철도가〉(1908)

겨우 시속 32km로 달리던 기차였지만, 날개 가진 새도 따르지 못할 정도라며 이제껏 본 적 없는 새로움을 표현하고 있습니다.

경성역으로의 여행을 시작하다

경성역은 붉은 벽돌을 사용한 외관 때문에 한때 도쿄역을 본떠 만들었다고 알려지기도 했습니다. 그러나 경성역 축조 당시 도쿄대학교 건축과 교수였던 츠카모토 야스시 유품에서 서울역사 입면도가 발견되면서 스위스의 루체른역 모습을 참고해 만들었다는 것이 밝혀졌죠. 루체른역은 1896년에 완공되었지만 1971년 소실되어 현재는 자료로만 그 모습을 확인할 수 있습니다. 그렇다 보니 스위스 국민들은 동쪽 끝나라 대한민국의 서울에 와야지만 루체른역의 옛 모습을 볼 수 있다는 점 또한 흥미롭습니다.

문화역서울284, 그러니까 옛 경성역이 가진 큰 특징 중 하나는 바로 중앙 돔입니다. 일반적으로 원형의 뼈대 위에 돔을 올리는 형태와 달리 사각형의 벽을 세우고 그 위에 돔을 얹어 안정감이 느껴집니다. 중앙 돔에는 아치 형태의 유리창도 만들어 햇살도 역사 내부로 향하게 되죠. 과연 이렇게 들어오는 햇살은 내부에서 어떻게 보일지 벌써부터 궁금해집니다.

자, 이제 역사 안으로 들어가 볼까요? 입구로 들어서자마자 바로 만나는 중앙 홀 또한 당시의 건축물들과는 사뭇 다른 모습입니다. 12개의 커다란 석조 기둥이 양방향으로 대칭을 이루며 공간을 구성하고, 햇살이 들어오는 반원형의 창과 천장의 스테인드글라스까지

사각형 펜던티브 위에 돔을 얹은 중앙 돔.

이국적인 풍경을 빚어냅니다. 또한 철근, 콘크리트, 벽돌 등 다양한 소재가 어우러져 그야말로 '절충주의'라는 양식에 걸맞게 지었다는 것을 알 수 있습니다.

2층, 대식당 그릴에서 시대상을 엿보다

이런 중앙 홀을 훤히 내려다볼 수 있는 곳, 바로 경성역 2층에 자리한 대식당 그릴입니다. 1925년에 문을 연 우리나라 최초의 서양식 식당인 이곳에선 커피, 홍차, 맥주 등을 맛볼 수 있었습니다. 최고급 식당이었지만 최대 200명의 손님이 빽빽하게 앉아서 식사를 했다고 하는데, 경성역에서 열차를 타고 파리로 유학을 떠난 화가이자 작가 나혜석이 자주 이용했던 곳으로도 알려져 있습니다.

석조 기둥과 반원형 창문의 조화, 중앙 홀.

2층 소식당 자리.

대식당 그릴에서 나오면 바로 복도로 이어집니다. 이 복도는 소식당이라 하여, 뷰가 정말 좋았던 작은 식당이었습니다. 이곳에 서면 반원형 창문을 통해 중앙 홀과 승강장이 내려다보이고, 천장에 있는 스테인드글라스로 쏟아지는 빛을 감상할 수 있었다고 합니다. 그 덕에 크기는 작지만 대식당만큼이나 색다른 멋으로 이곳을 찾는 손님이 많았습니다. 고급스러운 대식당 그릴만큼 인기 있던 곳은 1층 대합실 옆 티룸입니다. 당시 모던 보이와 모던 걸들이 모여들던 곳이지요.

1층 대합실, 공간으로 사람을 구분하다

티룸 옆에 있었던 1층 대합실은 어떤 모습이었을까요? 경성역 1층에는 총 4개의 대합실이 있었습니다. 입구에 서서 중앙 홀을 바라보면 왼편에는 1·2등 대합실과 부인 대합실, 귀빈실, 오른편에는 3등 대합실로 나뉘어 있었는데, 티룸은 당연한 듯 왼편에 있었습니다. 그 이유를 지금부터 알아볼게요.

1·2등 대합실은 고급 타일 장식과 중앙에 위치한 기둥의 화려한 장식으로 다른 공간과 차별점을 두었습니다. 그리고 이 공간이 가진 또 하나의 차별점은 신분이 높은 남성 승객들만 이용할 수 있었다는 것입니다. 신분이 높은 여성 승객들은 바로 그 옆에 위치한 부인 대합실에서 열차를 기다렸고요. 크기는 1·2등 대합실보다 작지만 벽면에 타일 대신 목재를 사용해 부드럽고 아늑한 분위기를 자아냈죠.

두 공간은 문 하나를 사이에 두고 남성과 여성 승객 공간으로 나

최고급 장식으로 치장한 귀빈실.

뉘었습니다. 남녀가 유별한 시대에는 어쩌면 자연스러운 풍경이었겠지만, 이렇게 다른 공간에서 대기하던 남녀 승객들이 함께 열차에 올랐을 모습을 상상해보면 과도기적인 시대상 또한 엿볼 수 있습니다.

중앙 홀 왼편에 있던 마지막 대합실은 가장 깊숙한 곳에 자리합니다. 바로 귀빈실입니다. 유리가 비쌌던 시절임에도 문 위에 스테인드글라스 장식을 덧붙이고 최고급 벽지로 치장한 것을 보면 이곳을 이용한 승객들의 지위가 느껴지는 듯합니다. 라디에이터가 설치되어 유일하게 난방이 되던 곳이기도 했죠. 이곳은 왕실 가족들과

가장 평범한 조선인들의 3등 대합실.

대통령의 대기 장소이기도 했는데, 대한제국의 마지막 황녀 덕혜 옹주도 일본으로 출국하기 전 마지막으로 이곳에 머물렀습니다.

이제 중앙 홀을 가로질러 오른편 대합실 한 곳을 만나보실 텐데요. 바로 가장 큰 규모로 지었던 3등 대합실입니다. 마치 실내 광장과도 같은 이곳에서 당시 가장 평범했던 사람들이 기차를 기다렸을 테지요. 그 시절 3등 대합실의 풍경은 박태원의 소설 『소설가 구보 씨의 일일』을 통해서도 확인할 수 있습니다. 빽빽한 군중 속에 자리한 구보 씨를 그려내는 묘사들이 시대상을 드러냅니다.

> "구보는 고독을 느끼고, 사람들 있는 곳으로, 약동하는 무리들이 있는 곳으로, 가고 싶다 생각한다. 그는 눈앞의 경성역을 본다. …(중략)… 그러나 오히려 고독은 그곳에 있었다. 구보가 한 옆에 끼어 앉을 수도 없게끔 사람들은 그곳에 빽빽하게 모여 있어도, 그들의 누구에게서도 인간 본래의 온정을 찾을 수는 없었다."
>
> _박태원, 『소설가 구보 씨의 일일』(1934)

경성역 플랫폼을 거쳐간 이들

이제 승객들이 기차를 타기 위해 대합실을 나와 중앙 홀 너머 플랫폼으로 향하던 서측 복도로 갑니다. 그곳에 서면 실제 열차가 오가는 선로가 내려다보입니다. 1927년, 당시로는 아주 드물게 유럽 유학길에 오른 예술가 나혜석도 이곳에 섰습니다. 그녀는 부산에서 출발하는 기차를 타고 대구와 수원을 거쳐 경성역에서 잠시 머무른 후 장춘, 하얼빈, 러시아를 거쳐 파리에 도착했습니다. 나혜석이 떠난 길은 머나먼 유학길이기도 했지만, 사회적 통념에서 벗어나 스스로 옳다고 생각하는 방향으로 걸어가고자 했던 그녀의 인생길인 것만 같습니다.

> "경희도 사람이다. 그다음에는 여자다. 그러면 여자라는 것보다 먼저 사람이다."
>
> _나혜석, 〈경희〉(1918)

이곳에서 기차를 타고 베를린까지 간 인물도 있습니다. 우리 모두가 아는 그 이름, 바로 손기정 선수입니다. 1936년 베를린 올림픽에서 일본 마라톤 대표단으로, 가슴에 태극기가 아닌 일장기를 달고 뛸 수밖에 없었던 비운의 주인공이지요.

그는 올림픽 출전을 위해 일본에서 훈련한 뒤, 부산에서 경성으로 향하는 열차를 탔습니다. 그리고 이곳 경성역에서는 만주행 열차에 올랐지요. 올림픽 대표단이었기 때문에 이등칸 열차표를 가졌지만, 이동하는 중간에는 군장비 수송 화물칸에 타기도 했습니다. 그렇게 쉬지 않고 달려 경성역에서 출발한 지 무려 13일 만에 베를린에 도착했고, 열악한 환경 속에서도 그는 금메달을 거머쥐었죠.

그런 그의 옆자리에는 또 한 명의 한국인 선수가 있었습니다. 바로 베를린 올림픽 마라톤 동메달리스트 남승룡 선수입니다. 그는 손기정 선수와 같이 일본에서 출발해 베를린에 도착해서도 내내 함께 했습니다. 남승룡 선수는 당시 손기정 선수가 몹시 부러웠다고 합니다. 시상대에서 가슴의 일장기를 가릴 수 있는 월계수 화분을 들고 있었다는 게 그 이유입니다. 결국 그는 베를린 올림픽 마라톤 시상대 위에서 고개를 푹 숙이고 있는 사진으로 남아 있습니다.

경성역의 숙명

비운의 주인공들이었지만 올림픽에서 메달을 획득해 희망을 보여준 두 선수처럼, 당시 경성역 또한 불행과 희망이 혼재된 공간이었습니다. 일제 강점기에 일제의 원활한 식민지 수탈을 위해 만들었지만 독립운동의 거점지이기도 했던 곳이 바로 경성역입니다.

현재 문화역서울284 건물 앞에 자리한 강우규 의사 동상도 그 시절 독립 투쟁을 소리 없이 보여줍니다. 1919년 지금의 서울역이 남대문정거장이었던 시절, 조선 제3대 총독으로 부임하는 사이토 마

독립운동가 강우규 의사 동상.

코토를 향해 폭탄을 던졌던 강우규 의사를 떠올려봅니다.

그렇다 보니 문화역서울284는 〈밀정〉, 〈암살〉 등 일제 강점기 독립운동가들을 소재로 한 영화의 배경으로 자주 등장합니다. 영화 〈암살〉에선 의열단원들이 경성역에 도착해 열차에서 내리는 장면이 나오는데, 실제로 《매일신보》 1927년 1월 30일자에 "의열단원들이 경성역을 통해 조선으로 들어온다는 첩보에 순사를 세 배 증원해 배치한다"라는 내용으로 기사가 나기도 했습니다.

1921년에는 국어학자이자 독립운동가인 주시경 선생의 제자들이 '조선어학회'를 꾸립니다. '조선어연구회'라는 이름으로 시작된 조선어학회는 각지에 흩어져 있던 우리말을 모아 체계화하고, 표기

법들을 정리했죠. 이들은 스무 해가 넘도록 일제의 탄압에도 갖은 고비를 넘기며 겨우 『조선어 사전』 원고를 완성했는데, 1942년 조선어학회 사건으로 확대되면서 이들은 징역형을 받고, 원고는 증거품으로 압수되어 사라집니다. 20년 동안의 수고가 물거품이 되는 순간이었습니다. 그러나 사라진 줄만 알았던 『조선어 사전』 원고가 1945년에 발견됩니다. 그 장소는 바로 경성역 조선통운 창고였습니다. 기적 같은 일이 실제로 벌어졌고, 그 결과 우리는 1947년 『조선말 큰 사전』을 발간할 수 있게 되었습니다.

문화역서울284, 즉 경성역은 한양에서 경성으로 넘어가는 격동의 시기를 상징하는 곳입니다. 사라지지 않고 남겨진 몇 안 되는 근대 건축물이기도 하죠. 이곳에서 과거 경성역은 "과거를 잊지 말아라. 그리고 과거 속에서 끈을 놓지 않았던 많은 희망을 잃지 말아라. 그게 서울이다"라고 말해옵니다. _가이드 C

문화역서울284		
	주소	서울 중구 통일로 1
	찾아가기	지하철 1·4호선·공항철도 서울역 1번 출구에서 도보 2분, 경의중앙선 서울역 1번 출구에서 도보 1분
	운영 시간	화~일요일 11:00~19:00(입장 마감 18:30)
	휴관일	월요일(공휴일과 겹칠 시 다음 날 휴관, 전시 준비 기간 시 휴무)
	입장료	무료
	홈페이지	www.seoul284.org
	인스타그램	@culturestationseoul284

더 알아보기

문화역서울284, 두 가지 상징 속으로

숫자 284의 비밀

'문화역서울284'라는 이름 속 숫자, 무엇을 뜻하는지 궁금하셨지요? '284'는 이곳의 사적번호입니다. 현재는 유적지나 유물에 번호를 붙이지 않지만 복원 당시 사적 제284호였기 때문에 그 숫자를 이름에 따왔습니다. 2003년 12월까지 서울역으로 사용된 이곳은 1925년 처음 경성역이 완공되었을 당시의 모습으로 복원을 마친 후, 2011년 문화역서울284로 재탄생했습니다. 문화역서울284는 과거의 건축물을 재현한 것을 넘어 다양한 기획 전시가 열리는 복합문화 공간이기도 합니다. 비정기적으로 해설사와 함께 역사 공간을 둘러보는 투어 프로그램도 운영하니, 내부를 둘러보며 경성역이었던 옛 모습을 상상해보면 어떨까요.

기차역의 상징, 시계

이 땅에서 철도의 역사가 시작되면서 우리에게는 중요한 개념이 하나 생겼습니다. 바로 '시간'입니다. 시간표대로 운행하는 기차를 떠올려보면 시간과 철도는 떼려야 뗄 수 없는 사이라는 것을 쉬이 알 수 있죠. 기차역의 상징 하면 역사에 있는 큰 시계를 떠올리기 마련입니다.

문화역서울284 정문에도 지름 160cm의 커다란 시계가 있습니다. 한국전쟁 당시 역무원들이 시계를 가지고 부산으로 피난 갔을 때를 제외하고는 한 번도 멈춘 적이 없다는 시계입니다. 쉬지 않고 달려온 이 시계에는 "파발마"라는 별칭이 붙었습니다. 소식을 전하는 빠른 말이라는 의미가 담겨 있습니다.

서대문형무소역사관

도심 속 가장 서늘했던 곳으로의 여행

여정 10

서울시 서대문구 통일로 251

심 한가운데 위치한 감옥이 있습니다. 우리 역사에서 가장 아팠던 시간과 가장 뜨거웠던 현장을 보여주는 공간이지요. 단단하고 견고한 담장 너머 한국인이라면 누구나 알아야 하는 이야기가 가득한 서대문형무소역사관으로 들어가 봅니다.

오늘의 코스

보안과 청사 … 중앙사 … 옥사 … 사형장 … 여옥사

트래블레이블의 코스

보안과 청사 … 중앙사 … 12옥사 … 공작사 … 한센병사 … 추모 공간 … 사형장 … 시구문 … 격벽장 … 여옥사

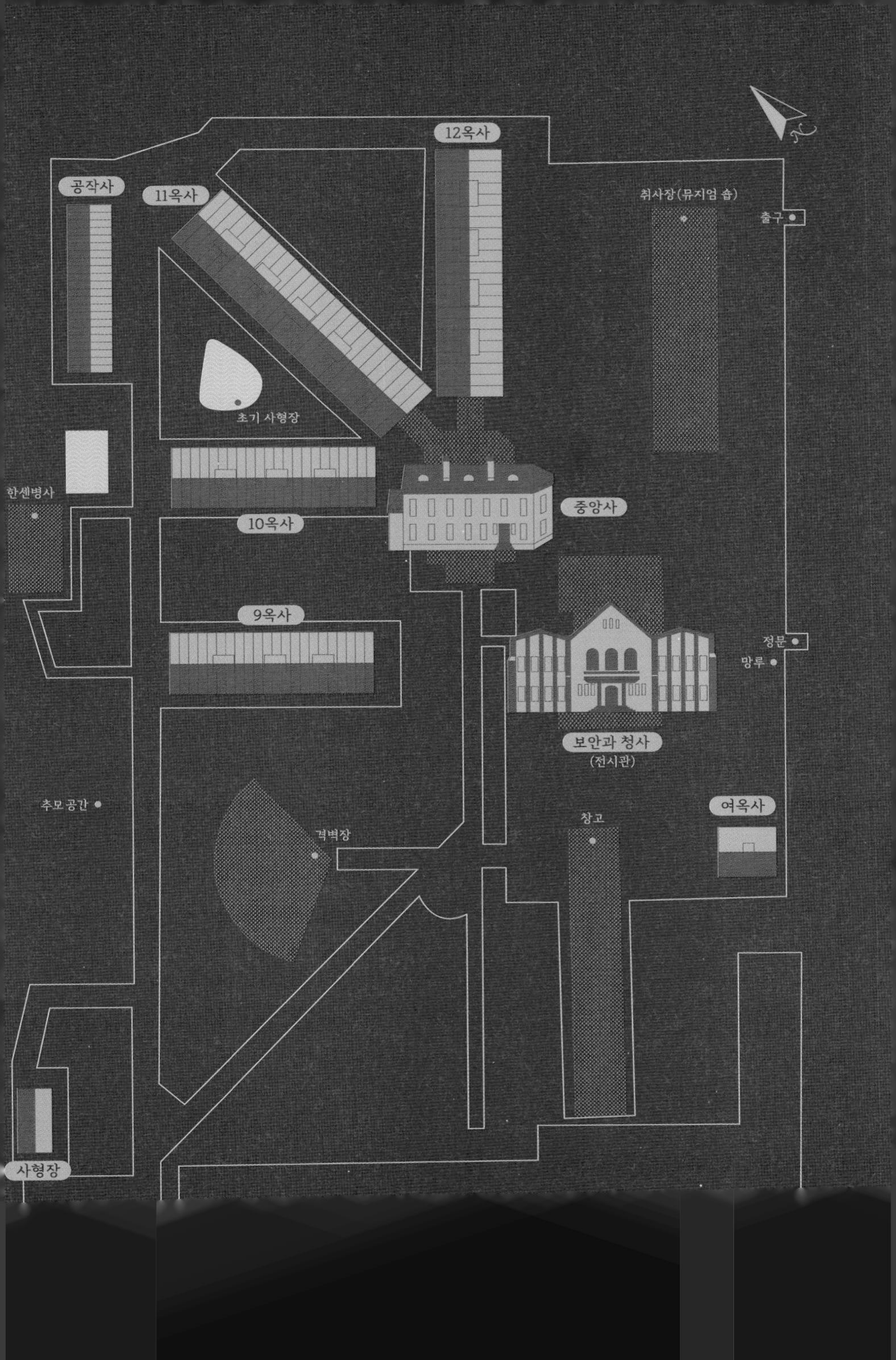
12옥사
공작사
11옥사
취사장(뮤지엄 숍)
출구
초기 사형장
한센병사
중앙사
10옥사
9옥사
정문
망루
보안과 청사
(전시관)
추모 공간
여옥사
창고
격벽장
사형장

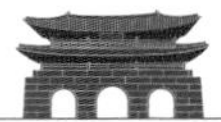

투어에 앞서

서울시 서대문구 현저동 101번지, 이곳을 사이에 두고 안산과 인왕산이 맞닿아 있습니다. 발을 들이면 평균 기온보다 유독 서늘하게 느껴져 몸을 잔뜩 움츠리게 되는 곳이지요. 이곳에 위치한 우리의 목적지는 120여 년의 세월 동안 여러 이름으로 불려왔습니다. 경성감옥(1908~1912)으로 시작해 서대문감옥(1912~1923), 서대문형무소(1923~1945), 서울형무소(1945~1961), 서울교도소(1961~1967), 서울구치소(1967~1987) 그리고 서대문형무소역사관(1998~)으로 이름이 바뀌어 왔죠. '우리나라 최초의 근대 감옥'이자 한때 죽음 가장 가까이에서 살아간 사람들의 역사가 축적된 곳. 오늘은 경성감옥이라는 이름을 처음 얻고 서대문감옥, 서대문형무소로 불렸던 일제 강점기로 떠나봅니다.

보안과 청사 1층,
경성감옥부터 서대문형무소까지

우리는 방금 정문을 통해 서대문형무소로 들어왔습니다. 뒤돌아보니 정문은 굳게 닫혔고 붉은 벽돌을 켜켜이 쌓아 올린 담장과 높은 망루가 위압적이기만 합니다. 다시 몸을 돌려 정문 바로 앞 보안과 청사로 걸음을 옮깁니다.

현재 전시관으로 바뀐 보안과 청사는 1923년부터 서대문형무소

국립대한민국임시정부기념관에서 바라본 서대문형무소역사관.

전시관이 된 보안과 청사.

의 업무를 총괄했던 청사 건물입니다. 이곳에 들어서자마자 만나는 것은 벽에 아로새겨진 “자유와 평화를 향한 80년, 1908~1987”이라는 문구입니다. 서대문형무소는 1908년에 개소한 뒤 1987년까지 무려 80년 동안 억압의 역사가 이어졌던 곳입니다. 간수 출신 시텐노 가즈마가 설계하고 경성감옥으로 개소한 이 근대 감옥에서 일제는 1945년 그들로부터 해방될 때까지 독립운동가들을 가두고 탄압했습니다. 해방 후에는 1987년에 서울구치소가 경기도 의왕시로 이전할 때까지 민주화 인사들을 수감하기도 했죠.

그런데 앞선 내용이 이상하게 느껴지진 않나요. 일제가 우리의 국권을 강탈한 것은 1910년인데 그 전에 이 감옥이 만들어졌다는 점입니다. 아직 우리가 주권을 빼앗기기 전인데 일본은 어찌 남의 땅에 감옥을 만들 수 있었을까요?

이는 일본이 한반도 침략을 계획적으로 실행했기에 가능한 일이었습니다. 1876년 강화도조약부터 시작된 한반도 침략은 1905년 을사늑약, 즉 일제가 대한제국의 외교권을 박탈한 순간부터 더 빠르게 진행되었습니다. 국가의 권리를 하나둘 잃어가던 상황에서도 우리 민족의 항일운동은 더욱 거세졌고, 들불처럼 일어나는 이들을 억압하기 위해 일본은 우선 대규모 감옥을 만든 것입니다.

그렇다면 왜 하필 이곳에 자리하게 된 것일까요? 보통 혐오시설로 취급되는 감옥은 유동인구가 많지 않은 도시 외곽에 짓는 것이 일반적입니다. 하지만 서대문형무소가 위치한 이 지역은 예나 지금이나 항상 붐비는 번화가입니다. 이런 번화가에 감옥을 지었다는 것은 일제에게 어떤 목적이 있었다고 볼 수 있겠지요.

서대문형무소 앞, 의주로라고 불린 큰길은 청나라의 사신과 무역상이 조선 땅으로 내려오던 길목이었습니다. 이들이 의주로를 통해 영은문에 도착하면 조선의 왕이 그들을 맞이했지요. 독립문 앞에 놓인 주춧돌이 바로 영은문 자리입니다. 뿐만 아니라 서대문독립공원 건너편에 자리한 영천시장은 당시 사람들로 북적이는 큰 연료 시장이었습니다. 종합해보면 서대문형무소는 그 존재만으로도 '잘못하면 이렇게 갇히게 되는 거야'를 보여주며 조선인을 통제하는 역할을 수행했던 것입니다.

감옥의 규모가 커지며 감옥 이름에도 변화가 생깁니다. 경성감옥으로 개소했을 당시에는 최대 500여 명까지 수용이 가능했으나 거센 항일투쟁으로 수감되는 인원이 급격히 늘어나자 감옥의 증축이 불가피해졌습니다. 3·1만세운동 이후에는 무려 1600여 명이 한꺼번에 수감되어 당시 수용 가능한 인원의 수를 훨씬 넘어선 3000여 명의 수감자가 함께 생활하게 되었으니까요. 그렇게 감옥은 두 차례에 걸쳐 규모가 확장되었고, 그때마다 서대문감옥, 서대문형무소와 같이 이름도 달라집니다. 그렇다면 3·1만세운동을 전후해 일제 강점기에 우리나라에서는 과연 무슨 일이 있었던 걸까요. 전국 각지에서 벌어진 항일투쟁의 불씨를 만나러 보안과 청사 2층으로 이동합니다.

보안과 청사 2층, 의병 전쟁과 3·1만세운동

보안과 청사 2층은 서대문형무소 소장의 집무실이었습니다. 1923년 지을 당시에는 건물 중앙 부분만 2층이었지만 1959년에 건물 좌우 공간도 2층으로 증축했습니다. 보안과 청사 2층에 들어서자마자 마주하는 한반도 지도에서 무수히 표시된 빨간 점들을 주목

1907년《대한매일신보》의 통신원 F. A. 매켄지가 찍은 구한말 의병들의 사진, 의병박물관 소장.

해주세요. 이 지도는 일제 강점기에 한반도 곳곳에서 전투가 벌어진 곳을 표시해놓은 전국 의병 전쟁 거의도입니다. 우리에겐 나라를 잃던 마지막 순간까지 목숨을 걸고 치열하게 싸운 수많은 의병이 있었습니다. 빼앗긴 국권을 회복하려는 강한 의지를 보여주듯 이 땅에서는 무수한 전투가 벌어졌고, 세 번이나 큰 의병 전쟁을 치릅니다.

여기, 너무도 유명한 사진이 있습니다. 1907년 일제가 고종을 강제로 퇴위시키고 대한제국 군대를 해산시킨 데 반발해 1907년부터 1909년까지 벌어진 마지막 의병 전쟁, 정미의병에 나선 이들의 사진입니다. 사진 속 의병들은 무장도 제대로 하지 못한 채 비장한 표정을 짓고 있습니다. 이들은 신분, 계급, 나이, 성별을 막론하고 전국 각지에서 모였지요.

"우리는 어차피 죽게 되겠지요. 그러나 좋습니다. 일본의 노예가 되어 사느니보다는 자유민으로 죽는 것이 훨씬 낫습니다."

_의병장이 영국 기자 F. A. 매켄지와의 인터뷰에서 남긴 말, 《Korea Daily News》(《대한매일신보》 영문판, 1907.9.24).

이들의 예감대로 모든 전투는 실패로 끝났습니다. 당시 의병대를 이끌고 동대문 밖 30리까지 진격했던 이 부대의 후임 총대장 허위 의병장은 그렇게 서대문형무소의 제1호 사형수가 되고 맙니다. 끝날 듯 끝나지 않는 의병 전쟁에 일제는 강수를 둡니다. 특히 치열한 접전지로 골칫덩어리였던 호남 지역 일대를 쓸어버리겠다는 '남한대토벌작전'을 실행하기에 이르죠. 결국 1910년 8월 29일, 우리는 주권을 모두 잃고 일본의 식민지가 되었습니다.

하지만 우리 민족은 지치지 않고 계속해서 일제에 대항했습니다. 그렇게 1919년 3월 1일이 되었습니다. 항일투쟁을 이어가던 이들과 혹독한 식민지 현실을 견뎌내던 지극히 평범한 사람들이 함께 모여 3·1만세운동을 벌입니다. 서대문형무소에서도 만세운동이 일어났을 정도로 전국 곳곳으로 만세 소리가 퍼져나갔지요. 전 인구가 2000만여 명이었던 그 시절, 인구의 10분의 1에 달하는 200만여 명이 참여하며 거리에서 만세를 외쳤습니다.

3·1만세운동은 일제에게 큰 위기감을 안겼습니다. 이 시기를 기점으로 정말 많은 것이 바뀌었습니다. 당연히 서대문형무소에서도

변화가 생겼습니다. 독립운동가에 대한 관리와 감시가 필요하다고 판단한 일제는 1919년과 1920년 무렵 본격적으로 수감자들에 대한 수형기록 카드를 작성하기 시작합니다. 그렇게 기록된 수감자의 수가 얼마였을까요.

보안과 청사 2층 두 번째 방인 '민족저항실 2'로 들어서면 그 답을 알 수 있습니다. 이곳엔 서대문형무소에서 발견된 6000장의 수형기록 카드 중 4800여 장이 모든 벽을 가득 메우고 있습니다. 카드에 기록된 이들은 성별에 관계없이 어린아이부터 노인에 이르기까지 나이도, 신분도 다양합니다. 그러나 독립을 열망하는 마음만은 하나였습니다.

여기 유독 시선을 끄는 수형기록 카드가 있습니다. 1930년대에 수감된, 이름도 들어본 적 없는 수감자입니다. 서대문형무소가 가장 많은 수감자를 수용했던 시기, 그의 삶은 어떠했을지 문득 궁금해집니다. 각종 사료를 바탕으로 잠시 그의 이야기를 따라가 보려 합니다.

1930년대,
한 수감자의 일상

나는 독립운동가를 도와준 일로 서대문형무소로 이송되어 입감되었

민족저항실을 가득 채운 수형기록 카드.

다. 처음 서대문형무소로 들어왔을 때, 보안과 청사 건물 지하로 향해야 했다. 어두운 지하에서 간수는 나의 옷을 벗기고 온몸 구석구석을 확인했고 몸에 있던 작은 점 하나, 작은 흉터까지도 모조리 기록하고 나서야 조사가 끝났다. 마무리 작업은 나의 몸에 냅다 소독수를 뿌려대는 것이었다.

그 후 수감자들만 입는 수인복 하나를 건네받았는데, 붉은 감빛이 도는 옷 한 벌이었다. 나는 형이 확정된 기결수였기 때문이었다. 형이 확정되지 않은 미결수는 청색 옷을 받았다. 수인복은 기모노와 비슷한 모양새인데, 문제는 이 단벌옷으로 뼛속까지 시린 형무소의 겨울을 버텨내야 한다는 것이었다. 이곳에서 나는 대부분의 시간을 일을 하며 보낸다.

"기상 나팔 소리가 울리면 벌떡 일어나 이불을 개고 젖은 수건을 짜서 몸을 훔치고 홀딱 벗은 뒤 문 앞에 선다. 그렇게 벌거벗은 채로 달리다가 허들을 넘으면서 입을 아~ 하고 벌린다. 뛰는 것은 항문에 감춘 것이 없다는 표시, 입을 벌리는 건 입에 문 것이 없다는 증거이다." 그렇게 공작사로 이동한다. 공작사는 1923년에 지었는데, 이 2층 벽돌 건물에서 수감자들은 매일 10시간 이상 옷을 만들고 목공 등의 노동을 한다.

점심에는 식사를 배급받는데, 이를 '가다밥'이라고 부른다. 보리나 좁쌀을 쪄서 주는데 어찌나 돌이 많이 섞여 있던지 생각 없이 씹어대다가는 성한 치아가 없을 것이다. 그것도 모자라 벌레까지 득실거리니

살살 흔들어 걸러내본다. 사상범으로 들어온 수감자는 철저한 격리를 위해 노역을 하진 않지만 일반 수감자들보다 훨씬 적은 양의 식사를 배급받는다. 사상범들은 감방에서도 기상하자마자 정좌 자세를 유지해야 하고, 취침이라는 구령이 떨어져야만 자세를 풀고 누울 수 있다. 취침 중에도 감방 안을 불이 환히 비추니 어느 순간도 쉴 수 없다.

한겨울 이곳으로 입감되어 온 나는 어느새 한여름을 보내고 있다. 벽돌로 지은 옥사는 찌는 듯한 외부의 온도를 고스란히 전달한다. 더군다나 3.3평 남짓 좁은 감방에 많게는 20~30명의 인원이 함께 지내니 감방 내부는 습기가 가득 차고 숨이 턱턱 막힌다.

이곳에서는 모든 것이 생존의 문제이다. 그럼에도 견딜 수 없이 아픈 순간들이 찾아오니, 감옥살이로 고문으로 세상을 등지는 무수한 죽음을 맞이할 때이다. 감옥을 두른 담장보다 더 높은 담장에 둘러싸인 곳, 잘 자라지 않는 미루나무가 서 있다는 곳, 들어가는 입구는 3명이 나란히 선 폭이고, 나오는 입구는 단 1명의 너비라는 곳, 2명의 간수와 함께 들어가 나올 때는 시신으로 눕혀진 채 나온다는 그 목조 건물. 오늘도 누군가 사형장으로 향하지 않길 바랄 뿐이다.*

* 수형자의 일상에 관한 내용은 다음 자료를 참고해서 각색했습니다.
권형준, 〈형정 반세기〉 제19화, 《중앙일보》(1971. 9. 30). 김광섭, 〈옥창일기〉, 『나의 옥중기』(창비, 1976). 박경목, 〈1930년대 서대문형무소의 일상〉, 《한국근현대사연구》 제66호(한국근현대사학회, 2003), 76~80쪽. 이병희 지사 증언, 2010년 채록.

중앙사와 옥사, 근대 감옥과 판옵티콘

수형기록 카드의 연번으로 비추어볼 때 약 6만 5000여 장의 카드가 작성되었을 것으로 추정합니다. 그러나 현재 남아 있는 카드는 6000장뿐이죠. 지금부터 우리는 그 이름 모를 수만 명의 수감자가 먹고, 자고, 잠자고, 생활하던 공간으로 이동하려 합니다. 이제부턴 잠시 간수의 입장이 되어 감옥을 둘러보겠습니다. 먼저 중앙사입니다.

중앙사는 간수들이 수감자들을 통제하기 위해 근무했던 공간인데, 건물 모양이 일반적이지 않습니다. 중앙사 건물을 중심으로 부챗살을 펼친 듯 3개의 옥사가 연결되어 있지요. 그 덕분에 중앙사

통제의 완성, 망루.

일제의 판옵티콘, 중앙사와 옥사.

1층 간수 감시대에 앉으면 2층으로 된 10옥사, 11옥사, 12옥사가 한눈에 들어옵니다. 간수 입장에선 이보다 효율적인 통제 방법도 없었겠지요. 고개만 돌려도 세 옥사를 모두 다 감시할 수 있으니 말입니다.

이 건물 구조를 이해하기 위해 꼭 알아야 하는 개념이 있습니다. 바로 제레미 벤담이 처음으로 설계한 원형 감옥, 판옵티콘Panopticon입니다. '모두'를 의미하는 판pan과 '관찰하다'를 뜻하는 옵티콘opticon을 합친 판옵티콘은 말 그대로 '모두를 관찰할 수 있는' 감옥

입니다. 원형 공간의 중앙에 감시탑을 세우고, 감시탑을 둘러싼 형태로 둥글게 감방을 배치합니다. 자연히 수감자들은 저 높은 탑 꼭대기, 보이지 않는 곳에서 누군가 자신을 지켜보고 있을 것만 같은 기분에 사로잡힙니다. 일제는 우리 땅에 감옥을 지을 때 이 판옵티콘의 개념을 적극적으로 활용했습니다.

다시 중앙사 간수 감시대로 돌아가 볼게요. 3개 옥사의 복도가 만나는 지점에 감시대가 있습니다. 복도 끝 감시대는 늘 어둡게 유지하고, 수감자들이 지내는 감방 공간은 항상 밝게 해둡니다. 어둠 속에 놓인 감시대에 사람이 있는지 없는지 분간이 되지도 않지요. 그렇다 보니 수감자 입장에서는 늘 감시당하는 느낌을 받게 되고, 결국 스스로에 대한 검열을 내재화하게 되는 것입니다.

번화가에 지은 서대문형무소의 지리적 위치부터 감옥 곳곳에 설치한 6개의 높은 감시탑인 망루 그리고 중앙사와 옥사의 구조까지, 일제는 계획적으로 우리 민족의 정신적인 영역까지 통제하고 지배하려 했습니다.

여옥사, 과거를 바로 마주하는 힘

"전중이 일곱이 진흙색 일복 입고
두 무릎 꿇고 앉아 주님께 기도할 때
접시 2개 콩밥덩이 창문 열고 던져줄 때
피눈물로 기도했네 피눈물로 기도했네
대한이 살았다 대한이 살았다"

_〈여옥사 8호 감방의 노래〉

일제 강점기에는 여옥사가 있는 형무소는 드물었던 터라 서대문

8호 감방의 연대, 여옥사.

유관순 열사가 수감되었던 여옥사.

형무소에는 1918년 여성 미결수와 사형 선고를 받은 여성 독립운동가를 수감하기 위해 여옥사를 짓습니다. 그리고 1919년 3월 1일을 기점으로 이곳은 전국에서 잡혀온 여성 독립운동가로 가득 차지요. 그 속에 유관순 열사도 있었습니다.

유관순 열사가 수감되었던 8호 감방은 영화나 노래를 통해서 많이 알려져 있습니다. 유관순 열사가 감방 구성원들과 함께 지어 불렀다던 〈여옥사 8호 감방의 노래〉가 대표적이죠. 그렇다면 8호 감방에는 어떤 분들이 계셨을까요.

개성에서 만세운동에 참여했던 4명의 지사, 권애라, 어윤희, 신관

빈, 심명철부터 파주에서 학생들의 시위를 이끌다 체포된 임명애 지사와 수원에서 시위를 벌였던 기생 출신 김향화 지사까지, 생경한 이름들입니다. 우리에게는 아직 기억해야 할 이름이 너무도 많이 남아 있습니다.

여옥사의 마지막 방으로 함께 걸어볼게요. 이 방은 천장부터 벽까지 사방이 거울로 이루어져 있습니다. 거울 사이사이에는 여옥사에 수감되었던 여성 독립운동가들의 사진과 이름이 붙어 있고요. 사진을 밝히는 조명 덕분에 그들의 얼굴은 밤하늘의 별처럼 빛납니다. 무수히 많은 과거의 별들이 촘촘히 박힌 듯한 이 공간에 서면 거울에 비친 내 자신의 모습도 자연스레 풍경의 일부가 됩니다. 마치 과거를 깊게 응시해야 지금의 나를 진정으로 마주할 수 있다는 것을 알려주듯 말입니다. _가이드 C

서대문형무소역사관

주소	서울시 서대문구 통일로 251
찾아가기	지하철 3호선 독립문역 4·5번 출구에서 도보 2분
운영 시간	11~2월 09:30~17:00(입장 마감 16:30), 3~10월 09:30~18:00(입장 마감 17:30)
휴관일	월요일(공휴일과 겹칠 시 다음 날 휴관), 1월 1일, 음력설 당일, 추석 당일
입장료	19~64세 3000원, 13~18세 1500원, 7~12세 1000원
홈페이지	sphh.sscmc.or.kr
인스타그램	@sphh1908

더 알아보기

서대문형무소와 독립문, 오해와 진실

서대문형무소에는 사형장이 2개?

미루나무가 있던 사형장은 서대문형무소로 불리던 1920년대부터 쓰인 곳입니다. 그럼 그 이전에는 이곳에서 사형 집행이 없었을까요? 아닙니다. 이곳 어딘가에 또 다른 사형장이 있었습니다. 초기 사형장 터에 대한 연구를 이어간 결과 지금의 공작사와 길 건너 마주한 연못이 바로 그 자리였던 것으로 밝혀졌습니다. 1908년 경성감옥 개소 당시부터 사형장으로 사용된 곳이었죠. 수많은 의병과 독립운동가가 작은 연못에서 생을 마감했다는 것을 알게 된 이후론 쉽사리 이곳을 지나칠 수 없게 되었습니다.

독립문은 어디로부터의 독립일까?

서대문형무소역사관 옆 서대문독립공원에는 독립문이 우뚝 서 있습니다. 자연스레 그 이름은 일제로부터의 '독립'에서 유래했으리라 생각하겠지만, 정답이 아닙니다.

독립문 앞에 있는 영은문 주춧돌에서 그 힌트를 찾을 수 있습니다. 과거 청나라 사신들이 내려오면 조선의 임금이 손수 그들을 맞이했는데, 청나라 사신을 맞이하던 곳이 바로 영은문입니다. '은혜로운 사신을 맞이한다'는 뜻이죠.

1895년 청일전쟁에서 일본이 승리하자 청나라 사신을 맞이하던 영은문은 헐리게 됩니다. 그리고 청나라로부터 독립한다는 뜻의 독립문이 생겼지요. 당시 개화기 지식인들은 독립문을 청에 대한 사대주의를 극복한 상징적 건축물로 활용합니다. 일본 입장에서는 아주 반길 만한 일이었겠지요. 이런 연유로 일본은 독립문을 문화재로 등록하고 열심히 관리해주었던 겁니다.

성북동

간송과 의친왕, 가진 자들의 독립 여행

여정 11

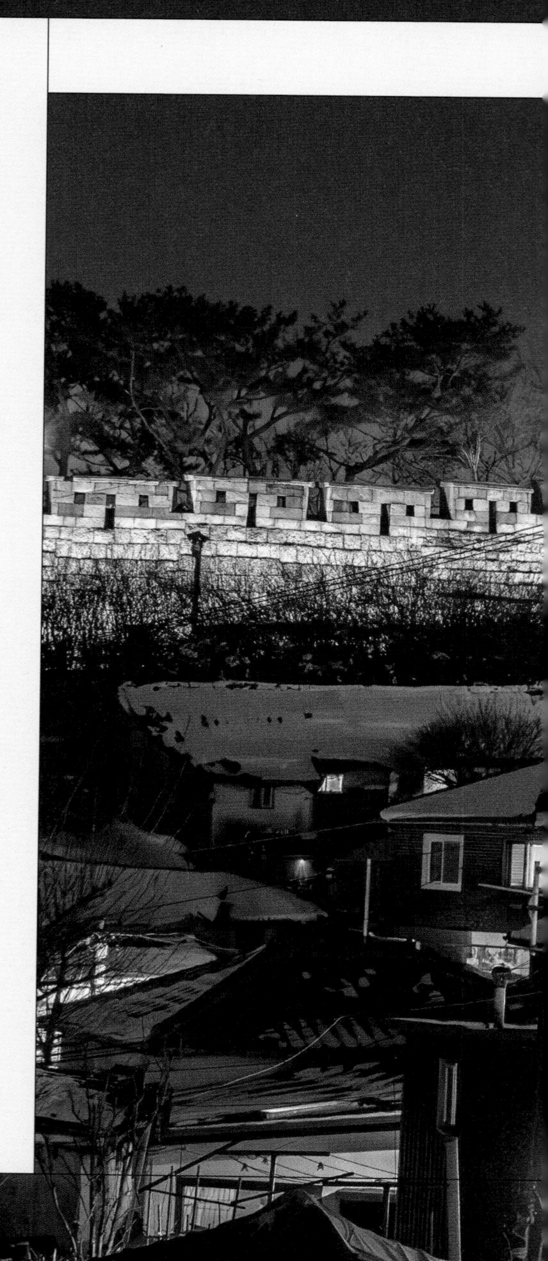

서울시 성북구 성북동

성북동은 참 신기한 동네입니다. 서울에 생긴 제1호 부촌이기도 하지만 몇 남지 않은 달동네, 북정마을도 있지요. 게다가 한국 근현대문학과 예술계의 상징적 인물들이 터를 잡았던, 예술혼을 간직한 마을이기도 합니다. 고즈넉한 성북동 구석구석에 어떤 이야기가 쌓여 있는지 만나보려 합니다.

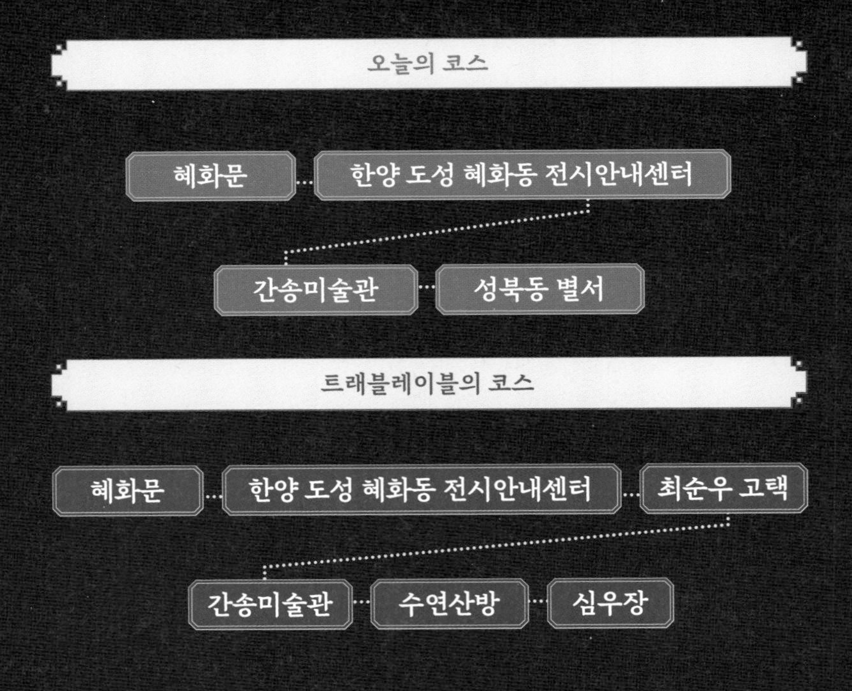

0 70m
N
성북동 별서
간송미술관
수연산방
심우장
최순우 고택
4호선
한성대
입구역
M
한양 도성 혜화동 전시안내센터
혜화문

성북동의 시간,
한양 도성 혜화동 전시안내센터

'한양 도성의 북쪽에 위치한 동네'라는 뜻의 성북동은 그 이름이 말해주듯 혜화문에서부터 시작됩니다. 원래 성문 밖의 십 리는 '성저십리城底十里'라 하여 민가를 지을 수 없는 조선판 그린벨트 구역이었습니다. 하지만 영조 때부터 둔전이 설치되고 병사들이 농사를 지으며 생활했고, 이후 민가가 하나둘씩 들어서며 촌락을 이루게 됩니다. 이 무렵 성북동엔 특히나 복숭아나무를 많이 심었는데, 복숭아꽃이 만개하는 계절이 찾아오면 무릉도원과 같이 아름답다고 하여 "도화동"이라고도 불렀지요.

"필운대 살구꽃, 북돈의 복숭아꽃, 흥인문 밖 버들, 천연정 연꽃과 삼청

성북동 여행의 시작, 혜화문.

동·탕춘대의 수석에 놀이하고 시 짓는 사람들이 여기에 많이 모여들었다."

_유득공, 『경도잡지』(1784년 무렵 편찬)

한양 도성 혜화동 전시안내센터는 성북동 여행을 시작하기에 좋은 공간입니다. 1941년 일제 강점기에 지은 목조 건물로, 해방 이후 대법원장 공관, 서울시장 공관으로 사용되기도 했습니다. 2층 건물에 마련된 5개의 전시실에는 한양 도성의 축성기부터 공관을 거쳐 간 역대 서울시장들의 이야기, 혜화동의 역사까지 성북동의 시간이 켜켜이 담겨 있습니다.

1940년대 목조 건물, 한양 도성 혜화동 전시안내센터.

전시안내센터를 나와 성곽길을 따라 걸어볼까요. 성북동의 시간을 말해주듯 골목 사이사이에 오랜 한옥들이 자리하고, 한옥을 곁눈질하며 골목길을 따라가다 보면 어느 멋진 수집가의 보물창고가 등장합니다.

간송 전형필, 그가 지켜낸 보물

간송미술관은 2024년 4월 보수 정비를 끝내고 재개관하였습니다. 현재는 일 년에 딱 두 번, 봄과 가을에만 정기 전시의 형태로 소장품들을 공개합니다. 단원 김홍도의 화첩, 신윤복의 〈혜원전신첩〉, 겸재 정선의 〈해악전신첩〉, 고려청자, 금동 불상 등 6세기부터 20세기 초반에 걸친 국보급의 컬렉션을 보기 위해 몰려드는 인파가 어마어마하죠. 놀라운 사실은 수많은 간송의 컬렉션은 대도굴의 시대에 '돈'으로 지킨 문화유산이라는 점입니다. 지키려는 마음과 지킬 수 있는 능력을 갖췄던 간송 전형필, 그는 일제 강점기부터 한국전쟁을 거치면서 자신의 부를 어떻게 사용했을까요?

간송미술관은 1938년 우리나라 최초로 개관한 근대식 사립 미술관으로, 미술 수집가 간송 전형필이 건립했습니다. 그는 재물이 많기로 손에 꼽히는 집안에서 태어났습니다. 덕분에 어릴 적부터 가르

침을 주신 스승들도 남달랐죠. 가장 큰 영향을 준 인물은 독립운동가 오세창입니다. 오세창은 "흔들리지 않고 지켜내는 것은 어려운 일이다. 그러니 매진하거라"라는 말과 함께, '산에서 흐르는 맑은 물과 소나무처럼 깨끗하고 굳건히 살라'는 의미의 '간송'이라는 호도 지어줍니다. 전형필은 박종화, 정지용, 고희동 등의 인사들과 연을 맺으며 학창 시절부터 자국의 문화를 지켜나가는 것에 대한 큰 가치를 깨닫게 되죠. 가문의 재산을 상속받고 난 후 그는 정보력을 이용해 흩어져 있는 우리 민족의 문화유산을 모으기 시작합니다.

한글은 세계적으로 인정받는 글자입니다. 정확하게 누가, 언제 만들었는지를 알 수 있는 세계 유일의 글자이며, 소리에 따라 14개의 자음과 10개의 모음을 만든 과학적인 글자이기 때문이죠. 그러나 간송 전형필이 아니었다면 한글의 진실도 역사에 묻힐 수 있었습니다.

일제 강점기에 일본은 훈민정음의 글자 모양은 한옥의 문을 이루고 있는 격자무늬에서 비롯되었고, 이응(ㅇ)은 문고리에서 따온 것이라며 격이 낮은 글자로 치부했습니다. 1940년대에 전형필은 안동에서 훈민정음 창제 원리를 기록한 『해례본』이 발견됐다는 정보를 입수하고 바로 안동으로 내려갑니다. 소장자는 『해례본』

간송 전형필의 국보급 컬렉션, 간송미술관.

값으로 1000원을 제시했습니다. 그 당시 1000원은 경성에서 기와집 한 채를 살 수 있는 거금이었죠. 그러나 간송 전형필은 열 배의 값을 주며 말합니다. "이 책의 가치는 그 이상이다."

그는 『해례본』의 정보를 알려주며 거래 중개를 맡았던 김태준에게도 중개 수수료로 1000원을 줍니다. 김태준은 조선어문학회를 결성하며 우리글을 지키려 노력했던 사람으로, 훗날 간송에게 받은 돈을 중국 연안에서 항일독립운동을 지원하는 데 사용합니다. 간송 전형필은 이 모든 일을 비밀리에 진행합니다. 일제는 1930년대 이후 내선일체라 하여 한글과 우리말을 사용하는 이들을 탄압했기 때문에, 훈민정음의 가치는 절대 세상에 드러나선 안 되었죠. 해방 이후 『해례본』의 존재는 마침내 세상에 알려졌고, 한글의 우수성이 증명됩니다.

한편 고미술품을 추종하던 많은 이에게 고려청자는 소장 가치가 다분한 유물이었습니다. 1930년대에 영국인 변호사 존 개츠비는 일본에 거주하며 청자를 수집했는데, 그 사실을 이미 알고 있던 전형필은 때를 기다립니다. 마침내 개츠비가 청자들을 팔려 한다는 정보를 입수한 그는 자신이 충청도에 보유했던 모든 땅을 팔아 40만 원을 챙겨 들고 찾아가 거래를 제안하죠. 개츠비 또한 영국 박물관에 자신의 컬렉션을 넘기려 했지만 박물관 측에서 거절했기 때문에 전형필의 제안을 달갑게 받아들입니다. 이때 구입한 고려청자 20여 점은 배로 이동하면 훼손될 수 있다는 이유로 전세기를 띄워 수송

합니다.

간송 전형필의 행보는 단순히 재물이 많다고 할 수 있는 일이 아니었습니다. 자신의 가치관이 뚜렷했고, 재물을 소유하는 것보다 더욱 중요한 길이 있었기 때문에 가능했던 거죠. '문화보국', 즉 '문화를 통해 우리 민족의 정신을 지킨다'는 간송미술관의 건립 이념을 전형필은 몸소 보여준 것입니다.

이유 있는 방탕, 성북동 별서의 의친왕

조선 후기부터는 무릉도원 같은 아름다운 풍경을 찾아 문인들과 관료들이 성북동으로 모여들었고, 그들은 풍류를 위한 별장을 많이 지었습니다. 그중 지금까지 남아 있는 별장이 성북동 별서입니다. 자연 지형을 그대로 살려 만든 별장이라 경관이 빼어나 한국의 3대 전통 정원으로 꼽히는 곳이기도 합니다. 오늘은 이곳을 별궁으로 사용한 사람에 주목해보려 합니다. 대한제국 황실 구성원으로서 '꺾이지 않으려 한 사람', 바로 고종 황제의 다섯 번째 아들인 의친왕 이강입니다.

일제가 의친왕을 감시하며 남긴 기록을 살펴보면, 그는 주색에 빠진 방탕한 황족에 지나지 않았습니다. 그는 몸이 아플 때를 제외

하곤 매일 술을 마시며 기생을 불러들였고, 미국 유학 시절에도 각종 파티에 참여하며 방탕한 생활을 했다고 합니다.

그런데 의친왕의 방탕한 이미지는 감시를 피하기 위한 속임수였다는 이야기가 있습니다. 의친왕의 다섯 번째 딸 이해경 여사의 증언에 따르면, 기생을 태운 인력거꾼은 독립 밀사였고, 기생이 합류한 술자리가 시작되면 밀사와 의친왕은 골방에서 밀담을 나누었다고 합니다.

지금까지 밝혀진 독립운동가들의 증언 역시 의친왕의 은밀한 이중생활에 신빙성을 더합니다. 의친왕은 미국 유학 시절 독립운동가 김규식과 같은 학교에 다니며 연을 맺었고, 로스앤젤레스를 방문했을 때는 안창호를 만나 자금을 전달하며 미국 땅의 조선인들을 위해 사용해달라 당부했다고 합니다. 또한 고종 황제의 직속 비밀결사단인 제국익문사에게 고종 황제의 비자금을 전달했다고도 하죠.

그러던 어느 날, 의친왕의 움직임이 일제에 큰 충격을 안겨준 사건이 발생합니다. 1919년 3·1만세운동 이후 중국 상해에 대한민국 임시정부가 수립됩니다. 의친왕은 대한민국 임시정부의 내무부 총장 안창호에게 망명의 뜻을 전하죠. 그렇게 상해로 망명하기 위한 의친왕의 비밀스러운 움직임이 시작됩니다. 의친왕의 망명을 도운 건 서울의 비밀 항일조직 대동단의 단장 전협이었습니다. 의친왕의 망명 계획은 다음과 같았습니다. 의친왕의 사저 사동궁이 있었던 지금의 종로구 관훈동을 출발해 비밀 가옥 두 곳을 거친 뒤, 수색역에서 단동역으로 가는 기차를 타고, 단동에 도착해선 임정의 비밀 아지트인 이륭양행으로 이동해 상해까지 가는 계획이었습니다.

마침내 1919년 11월 11일 오전 11시, 조선을 무사히 벗어난 의친왕과 조력자들은 중국 단동역에 도착해 망명 작전의 성공을 눈앞에 두고 있었습니다. 그러나 주변을 수색 중인 일제 경찰들의 눈을 피하기는 어려웠습니다. 의친왕의 얼굴을 알고 있던 친일 경찰 김태석에 의해 결국 체포되고 말죠. 그리고 일제는 이 사건을 조사하며 연루된 대동단의 조직원들을 서대문형무소, 즉 당시 서대문감옥에 투옥시킵니다. 그들의 죄명은 "의친왕 유괴·납치". 그렇게 망명 계획은 막을 내립니다.

> "나는 차라리 자유 한국의 한 백성이 될지언정 일본 정부의 한 측근이 되기를 원치 않는다는 것을 우리 한인들에게 표시하고, 아울러 한국 임시정부에 참가하여 독립운동에 몸 바치기를 원한다."
>
> _의친왕 이강, 《민국일보》(1919.12.4)

의친왕이 대한민국 임시정부에 보낸 서신은 1919년 12월 4일자 중국신문 《민국일보》에 실립니다. 의친왕은 삼엄한 일제의 감시 속에서 생을 보내야 했지만, 일평생 일제가 요구한 동경행과 창씨개명을 받아들이지 않았습니다. 성북동 별서에 굳게 닫힌 문과 그 문

성북동 고택, 수연산방.

너머의 아름다운 경관을 떠올려보면, 세상에 드러나지는 않았지만 독립을 위해 노력했던 의친왕의 이야기가 우리를 부르는 것만 같습니다. _가이드 K

성북동	
	주소 서울시 성북구 성북동 찾아가기 지하철 4호선 한성대입구역 * 성북동 별서는 내부 운영 문제로 개방하고 있지 않습니다. (2024년 10월 기준.)

더 알아보기

사라진《문장》, 이태준의 수연산방

성북동에서 빼놓을 수 없는 명소가 있습니다. 성북동의 운치를 담당하는 전통찻집 수연산방입니다. 오미자차, 단호박 팥빙수 등 대표적인 메뉴와 함께 고택의 안락함을 느낄 수 있는 곳이지요. '벼루가 목숨을 다할 때까지 글을 쓰는 집'이라는 뜻의 수연산방은 "조선의 모파상"이라 불린 상허 이태준의 고택입니다. 이태준이 1933년 성북동 248번지에 터를 잡고 1943년까지 집필을 이어 나갔던 곳이죠. 그가 성북동에서 집필한 단편 소설 〈달밤〉, 〈촌뜨기〉 등은 일제강점기 속에서 꿋꿋이 버티며 살아간, 배운 것 없던 작고 작은 사람들의 이야기를 담고 있습니다.

일제의 출판 검열이 심화하던 1930년대, 이태준은 성북동에 모여든 예술가들과 함께 우리만의 순수 문학을 이어 나가자는 취지로 《문장》이라는 문학잡지를 발간합니다. 《문장》은 신인 추천제를 통해 신인 작가 발굴에 힘을 썼습니다. 대표적으로 조지훈, 박두진, 박목월 등 청록파 시인들의 글이 《문장》을 통해 세상에 알려집니다. 그러나 1940년대에 들어서며 일제가 일선어, 즉 일본어와 조선어 이중 표기를 명령하자 이태준과 동료들은 이에 불응하고 《문장》을 폐간합니다.

이태준은 월북 작가이기에 그의 작품들은 오랜 시간 우리나라에서 금서였습니다. 그러나 1988년 월북 작가에 대한 해금 조치가 이뤄지면서 이태준의 글들이 수면 위로 올라오게 됩니다. 아쉽게도 1958년 북한에서 숙청된 이후 그의 행적은 알려진 바가 없습니다.

수연산방 안채에는 이태준 부부와 다섯 자녀가 이곳에서 찍은 흑백 가족사진이 걸려 있습니다. 모두가 환하게 웃고 있는 사진을 보고 있노라면 서글프게 사라진 그의 생애가 아려옵니다.

주소	서울시 성북구 성북로 26길 8
찾아가기	지하철 4호선 한성대입구역 6번 출구에서 '삼선교·성북문화원' 정류장까지 도보 2분. 1111·2112번 버스 승차 후 '동방문화대학원대학교' 정류장에서 하차, 도보 2분
운영 시간	수~금요일 11:30~18:00(주문 마감 17:00), 토~일요일 11:30~22:00(주문 마감 21:00)
휴관일	월·화요일(운영 시간과 휴무일은 인스타그램 참고)
가격	1만 원대
인스타그램	@sooyeonsanbang

북촌

건축왕이 남긴 한옥 사이를 걷는 여행

여정 12

서울시 종로구 계동길 37 북촌 한옥마을

예로부터 빼어난 경치를 자랑하는 곳들은 8경이라 하여 8가지의 풍경도 함께 꼽곤 했습니다. 북촌에도 어김없이 8경이 존재하는데, 오늘은 조금 다른 코스로 북촌, 그중에서도 북촌 한옥마을을 둘러보려 합니다. 북촌 한옥마을의 중심 거리를 산책하며 각각 사연 있는 다양한 형태의 한옥들을 들여다볼게요. 일제 강점기, 북촌에선 과연 어떤 일들이 있었을까요.

오늘의 코스

북촌문화센터 … 북촌한옥역사관 집집 … 중앙고보 숙직실 터 … 북촌전망대 … 백인제 가옥 … 조선어학회 회관 터

트래블레이블의 코스

북촌문화센터 … 북촌한옥역사관 집집 … 북촌한옥청 … 북촌전망대 … 백인제 가옥 … 조선어학회 회관 터

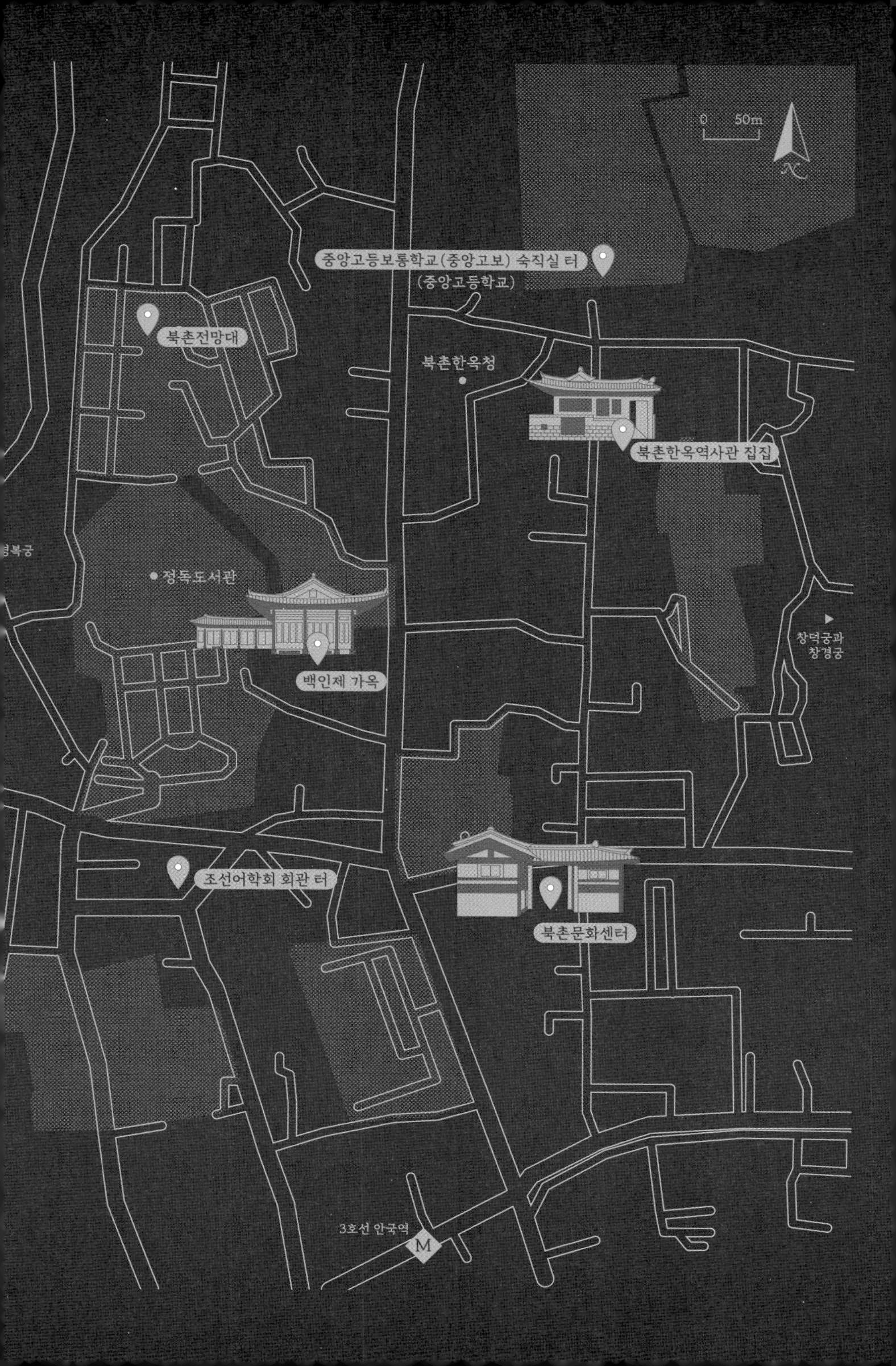

0 50m
중앙고등보통학교(중앙고보) 숙직실 터
(중앙고등학교)
북촌전망대
북촌한옥청
북촌한옥역사관 집집
정독도서관
백인제 가옥
창덕궁과
창경궁
조선어학회 회관 터
북촌문화센터
3호선 안국역
M

투어에 앞서

북촌 1경부터 8경까지 이어지는 골목길을 따라 걷다 보면 하나의 여행 코스가 완성됩니다. '창덕궁'에서 출발해 '원서동 공방길', '북촌로 12길 일대', '북촌로 11길 언덕'을 올라 '가회동 골목길'을 내려오고 또 오르면 다시 '북촌로 11길'을 만나 '삼청동 돌계단 길'로 이어지는 코스죠. 하지만 오늘의 여행길은 좀 다릅니다.

조선 시대의 북촌은 종각을 기준으로 남촌과 구분했으나 약 100년 전인 일제 강점기 이후 그 경계는 청계천으로 바뀌었습니다. 청계천을 기준으로 조선인의 거주지 북촌과 일본인의 거주지 남촌이 구획된 것이지요. 그러니 북촌은 청계천 기준 윗동네라 범위가 넓습니다.

북촌 한옥마을에 줄지어 늘어선 도시형 한옥도 일제 강점기에 들어섰습니다. 이번 여행에선 한옥 사이를 거닐며 일제 강점기 북촌 모습은 어떠했을지 그려보려 합니다.

계동 마님 댁,
북촌문화센터가 되다

북촌 한옥마을에선 가장 한국적인 것을 체험하고자 하는 외국인들이 화려한 한복 차림으로 거리를 거니는 모습을 종종 볼 수 있습니다. 우리에게도 경복궁과 창덕궁 사이, 맛집이 가득하고 산책하기 좋은 동네로 익숙하지요. 궁 주변에 자리하니 조선 시대에 신분 높은 양반들이 살았던 동네였겠구나 하고 짐작해볼 수도 있습니다. 한옥마을이라는 이름에 걸맞게 지붕에 기와를 얹은 한옥들을 만날 수 있지만 사실 100여 년 전 그대로의 모습은 남아 있지 않습니다.

북촌 한옥마을을 이해하고자 한다면 먼저 북촌문화센터를 방문해보길 추천합니다. 이곳은 원래 "계동 마님 댁"이라고 불리던 곳입니다. 1921년 어느 양반의 부인인 유진경이라는 사람이 지은 한옥인데, 그녀의 며느리가 계동 마님으로 불리면서 계동 마님 댁이 되었지요. 1935년부터는 주인이 여러 번 바뀌면서 사람들 편의에 의해 계속 고쳐지다가 2000년대 들어 서울시에서 대대적으로 개보수해 북촌문화센터로 사용하고 있습니다.

양반집의 흔적, 북촌문화센터.

북촌에서 만나는 첫 한옥이 한국식 전통 한옥의 모습이길 기대했다면, 규모도 모습도 많이 달라진 모습에 아쉬운 마음이 들 수 있습니다. 그럼에도 양반집 공간이었던 흔적은 남아 있습니다. 대문과 중문 주변으로 놓인 문간채들과 남성의 공간인 사랑채, 여성의 공간인 안채가 명확하게 존재합니다. 조금 더 안쪽으로 들어서면 정자가 보이는데, 이전에는 사당이 있었던 자리입니다.

북촌한옥역사관 집집과 기농 정세권

북촌 한옥마을엔 등록문화재라 하여 복원해놓은 가옥이 여럿 있지만, 진짜 주인공은 지붕을 맞대고 나란히 자리한 도시형 한옥들입니다. 일제 강점기 때 지은 이 한옥들은 모두 한 사람의 작품입니다. 바로 도시개발업자였던 건축왕, 기농 정세권이죠.

당시 그가 지은 도시형 한옥의 모습을 보존한 곳은 남아 있지 않지만 복원한 곳은 존재합니다. 바로 북촌한옥역사관 집집입니다. 집집은 상당히 작고, 우리가 생각하는 한옥처럼 너른 마당도 없습니다. 기존의 한옥을 여러 개로 쪼갠 형태이기도 하죠. 하지만 동선이 효율적인 'ㄷ자' 구조로 설계되었고, 집 내부에 수도 시설이나 하수구, 세탁장, 온돌이 깔린 부엌을 설치해 위생적으로 생활할 수 있었

복원된 도시형 한옥, 북촌한옥역사관 집집.

다고 하니 당시로선 얼마나 편리하고 좋은 집이었을까 싶습니다.

이렇게 좋은 조건이니 초가집에 살던 가난한 조선인들에게는 엄두도 못 낼 만큼 값이 비쌌을 테죠. 정세권의 목표는 더 많은 조선인에게 도시형 한옥을 분양하는 것이었기에 그는 집값을 낮추려고 노력했습니다. 그 노력을 집 내부에서 찾아볼게요.

가장 먼저 한옥의 지붕을 구성하는 서까래를 살펴보겠습니다. 다른 한옥에 비해 서까래의 길이가 짧은 것을 확인할 수 있습니다. 나무를 절약해 지붕의 무게를 줄이고, 덩달아 지붕을 받치는 보와 기둥들도 얇아져 집값을 많이 낮출 수 있었지요. 그렇다고 지붕의 기능을 포기할 수는 없으니 서까래가 짧아져 처마의 길이가 줄어든 것을 보완하기 위해 함석 차양을 달기도 했습니다. 지금 보아도 참 효율적이고 똑똑한 공간 구성이지요.

정세권은 도대체 왜 이렇게까지 고민하며 한옥을 많이 지어 공급하고자 했을까요? 그가 가회동, 익선동, 계동 등 북촌에 많은 도시형 한옥을 지어 공급한 것은 일본인들로부터 이 북촌을 지키기 위해서였습니다.

북촌전망대,
어깨를 마주한 기와지붕처럼

1885년엔 남산 예장동에 일본공사관이 들어섰고 1907년엔 조선통감부, 1910년엔 조선총독부가 들어섰습니다. 일제 강점이 이루진 게 1910년인데 그보다 앞선 1907년에 경성으로 이주한 일본인이 이미 1만 명을 넘어섰고, 1910년에는 경성 인구의 10% 이상을 차지했습니다. 일본인들은 조선 시대에 가난한 선비들이 살았던 청계천 기준 아랫동네, 즉 남촌으로 들어와 자리를 잡기 시작했고, 머지않아 모든 정치와 경제의 중심이 북촌에서 남촌으로 옮겨갑니다.

1920년대에 들어서는 도로망, 교통 시설, 수도 시설 같은 주요 생활 편의시설들이 우선적으로 남촌에 설치되었습니다. 남촌은 관공서, 은행, 백화점, 상가 등이 자리한 근대 도시의 모습을 갖추었지만, 북촌은 공공 서비스의 대상에서 항상 뒷전으로 밀려나곤 했지요. 경제적으로 어려워진 조선인들은 그래도 기회의 땅이라는 경성으로 돈을 벌고 공부를 하기 위해 몰려들었고, 일본인들도 계속해서 이주해옵니다. 그렇게 남촌이 포화 상태가 되자 이제 일본인들은 점차 북촌으로 진출하기 시작합니다. 청계천을 기준으로 구분되었던 거주 공간의 경계가 흐트러진 것도 이때부터죠.

인구가 폭증하니 자연스레 땅값이 올랐고, 한때 부를 축적했던 조선인들도 헐값에 보금자리를 내놓고 떠났습니다. 그리고 그곳은 대부분 적산가옥으로 변해갔죠. 또한 일제는 관공서도 북촌으로 옮기는데, 조선총독부가 남산을 떠나 경복궁을 산산조각 낸 자리로 옮긴 것도 바로 1926년이었습니다.

이렇게 일본인들이 종로와 북촌 일대를 빼앗는 것을 보고만 있을 수 없었던 기농 정세권은 이를 막기 위한 방법으로 도시형 한옥 단지를 조성하기 시작합니다. 그는 건양사라는 주택경영회사를 운영하며 북촌 땅을 사들이고, 사들인 큰 땅의 필지를 쪼개 여러 채의 주택을 지었습니다. 모양과 규모가 똑같은 한옥을 동시에 많이 만들어 저렴하게 분양한 것이죠.

정세권은 일 년에 300채씩 도시형 한옥을 빠르게 짓고 싸게 분양하는 데 힘썼지만, 당시 움막이나 초가집에 살던 가난한 조선인들은

조선 사람들을 위한 한옥 단지, 북촌 한옥마을.

신용도가 낮아 목돈을 마련하지 못했습니다. 하지만 그는 획기적인 방법을 생각해냅니다. 바로 연부, 월부 판매 제도의 도입입니다. 한 번에 돈을 지불할 수 없었던 조선인들은 연 단위 혹은 월 단위로 나누어 집값을 내기 시작합니다.

우리나라 최초의 분양 광고를 살펴볼까요. "방매가放賣家"는 '팔 집을 내놓는다'라는 뜻이며, 맨 왼쪽 "전화광화문일삼일구電話光化門一三一九"라는 문구는 전화번호와 지역에 대한 정보입니다. 광고를 낸 주체는 정세권의 건양사였죠.

1930년대, 정세권은 순차적으로 북촌 한옥마을이 자리한 가회동 33번지, 31번지 일대의 땅을 매입합니다. 그렇게 7100여 평, 즉 축구장 3개 정도 크기의 땅을 대규모 주택 단지로 조성해 도시형 한옥들을 짓습니다. 특히 가회동은 땅 주인 대부분이 일본인이나 친일파였다는 점에서 더욱 의미 있지요.

放賣家
貫鐵洞一二〇新建瓦家
三十一間一棟三十一間一棟
樂園洞一九五 新建瓦家
三十一間一棟
寬勳洞一九七 新建瓦家
三十六間半一棟
昭格洞九八 新建瓦家
十七間一棟
鳳翼洞一一 新建瓦家
十間內外九棟
齋洞五四 新建瓦家
十間內外十棟
昌信洞六五一
前趙秉澤家百三十間은今月末에
毁撤할터이오其垈地一千百五十
六坪은分賣中인바三月中旬까지
賣却되지안는것은本社에서放賣
家를建築함、
京城寬勳洞一九七
建築請負及設計
建築材料當品
土地家屋賣買
建陽社
電話光化門一三一九

우리나라 최초의 분양 광고, 《조선일보》(1929. 2. 7).

정세권은 익선동을 시작으로 안국동, 삼청동, 가회동, 소격동 등에 조선인을 위한 한옥 단지를 만들었고, 그가 지은 한옥의 수는 6000여 채에 이릅니다. 결국 그의 생각처럼 조선인들이 조금씩 조선 땅을 소유하게 되면서 우리 동네, 우리 땅을 지켜낼 수 있게 되었죠.

사진 스폿으로 유명한 북촌전망대에 서서 북촌 한옥마을을 내려다보면 기와지붕들이 아름답게 펼쳐집니다. 비슷비슷한 모양으로 닿을 듯이 나란히 이어지는 기와지붕들을 통해 함께 모인다는 것이 어떠한 힘을 발휘할 수 있는지도 생각해보게 됩니다.

백인제 가옥의 양면

북촌을 이루는 한옥들은 대부분 크기가 작지만, 북촌문화센터처럼 유독 눈에 띄는 커다란 한옥도 서너 채 정도 있습니다. 그중 두 번째로 규모가 큰 한옥이 바로 백인제 가옥입니다. 영화 〈암살〉, 드라마 〈재벌집 막내아들〉의 촬영지이기도 하죠. 서울에 몇 채 남지 않은 규모의 한옥인 데다 역사가옥박물관이라는 이름으로 민속문화재로 지정되어 개보수도 잘되어 있습니다. 100여 년 전 서울 상류층의 생활상을 보여주는 곳으로, 전시와 체험 공간도 마련되어 있습니다.

백인제 가옥에서만 볼 수 있는 특별한 점은 독채로 구분되던 전

일제 강점기 상류층의 근대 한옥, 백인제 가옥.

통 한옥과 달리 안채와 사랑채가 구분되지 않고 복도로 연결된다는 것, 그리고 2층 구조라는 점입니다. 막연히 전통 한옥을 기대하며 찾아갔다가 만난 근대 한옥의 요소들이 새로운 재미를 주기도 하지요.

그러나 백인제 가옥은 이완용의 조카이자 친일파 한상룡이 지은 집으로, 일본의 양식을 많이 가미하기도 했습니다. 이곳에서는 초대 조선 총독 데라우치 마사타케의 환영회가 열릴 정도로 당시 일본 관료들이나 기업인들에게 연회를 열어주는 일도 자주 있었다고 합니다. 그들에게 친일본적 모습을 보여주기 위해 사랑채 2층에는 일

일본식 가옥의 특징, 좁고 기다란 복도.

본 전통 가옥의 특징인 다다미방도 만들었죠. 사랑채와 안채를 연결하는 좁고 기다란 복도도 일본 가옥에서 흔히 볼 수 있는 형태입니다. 1910년대에 작은 가옥 12채를 매입해서 건평 100여 평 정도 되는 집을 지은 것이니, 그 시절 친일파가 아니면 쉽게 상상할 수도 없을 어마어마한 규모였겠지요.

백인제 가옥이라는 이름은 첫 주인인 은행가 한상룡, 두 번째 주인인 민족 언론인이자 청년 부호였던 최선익을 거쳐 1944년 이곳의 주인이 된 외과 의사 백인제의 이름을 딴 것입니다. 백인제는 "조선 제일의 외과 의사"로 불리던 이로, 백병원의 창립자이자 3·1만세운동 당시 독립운동을 하다 고초를 겪은 인물입니다.

일제 강점기 경성의 시간을 지나오는 동안 백인제 가옥에는 각기 다른 입장을 지닌 사람들이 거쳐 갔습니다. 이곳에 서면 북촌 마을의 너른 풍광이 한눈에 담깁니다. 평범한 조선인이 사는 작은 집들이 오밀조밀 붙어 있는 북촌을 내려다보며 그들은 어떤 다양한 마음을 품었을까요.

조선어학회 회관 터, 우리말을 지킨 사람들

이곳 북촌에서는 가진 것을 나누는 데도 다양한 선택이 있었던 것 같습니다. 정세권의 선택은 크게 3가지, '우리의 집, 우리의 물건, 우리의 말'이었습니다.

일제 강점기 언론인이자 "조선의 3대 천재"로 불리던 소설가였지만 변절한 친일파 이광수는 《삼천리》(1936)의 〈성조기〉라는 글에서 정세권을 이렇게 표현했습니다. "늘 바짝 깎은 머리에 토목 두루마기를 입고 의복도 모두 조선산으로 지어 입고" 다녔다고 말입니다. 기농 정세권은 오로지 우리의 것을 지키는 방향으로 나아갔습니다. 우리의 것을 사용해 경제적 자립을 이루자는 조선물산장려운동에서도 큰 축을 맡았지요.

기농 정세권이 지은 조선어학회 회관 터.

이런 그가 1935년 화동 129번지에 2층짜리 양옥집을 하나 지었는데, 바로 조선어학회의 첫 공간인 조선어학회 회관입니다. 당시 조선어학회는 우리말을 지키고 간직하는 것이 목표였기에 일제로부터 늘 감시를 받을 수밖에 없었습니다. 특히 1930년대는 일제가 내선일체를 내세우며 우리말과 한글을 쓰지 못하게 하던 때라 탄압이 굉장히 심했죠. 그럼에도 정세권은 『조선어 사전』 편찬 작업을 전폭적으로 지원하며 독립운동을 합니다. 지금은 표지석으로만 남은 이곳 조선어학회 회관에 매일 일본 경찰들이 드나들며 감시했다고 하니 하루하루가 살얼음판이었을 것입니다.

결국 일제는 사전을 편찬하는 것은 내란죄에 해당한다며 조선어학회 회원과 관련 인물들을 검거하는 '조선어학회 사건'을 일으킵니다. 1942년의 일입니다. 이때 후원자 명단에서 정세권이라는 이름을 발견한 일제는 그가 회관을 마련해준 것뿐만 아니라 핵심적인 자금줄이었다는 것을 확인하고 그를 체포합니다. 실제로 정세권은 10년 가까이 조선어학회 운영비의 60~70%를 지원해왔기에 이로 인해 모진 고문을 받아야 했습니다. 또한 재산은 모두 강탈당했고, 고문 후유증으로 인해 병까지 얻었지요.

하지만 그를 더 괴롭게 한 일은 사전의 원고가 사라졌다는 사실이었을 것입니다. 평생 우리 것을 지키기 위해 살아왔던 족적이 모두 사라지는 일이었으니 말입니다. 그런데 기적처럼 해방 후 서울역 운송 창고에서 우연히 원고 더미가 발견되었고, 1947년 『조선말 큰 사전』 제1권이 발간됩니다. 이후 1957년 한글학회는 『우리말 큰 사전』을 발행하지요. 이날 기농 정세권이 남긴 글입니다.

> "이제는 사전이 완성되었으니 이 사전으로 부지런히 가르치고 배워서 십 년이면 십 년만큼 백 년이면 백 년만큼 익혀져서 다른 글이나 말이 아무리 셀지라도 이 한글문화를 엿보지 못하게 합시다. 만세 이르도록 한국 사람은 한국문화로 더욱더 밝아지기를 축하합니다."
>
> 정세권, 〈큰 사전 완성을 축하함〉, 《한글》 122호(한글학회, 1957), 481~482쪽.

북촌에 가면 정세권과 수많은 이가 지켜낸 것들이 이제는 일상의 풍경이 되어 우리를 맞이합니다. 연대하는 힘, 가진 것을 나누는 힘을 지닌 우리였기에 우리의 공간도, 전통도, 우리의 언어도 지켜낸 것이 아닐까 생각해봅니다. _가이드 C

북촌		
	주소	서울시 종로구 계동길 37 북촌 한옥마을
	찾아가기	지하철 3호선 안국역 2번 출구에서 도보 5분
	홈페이지	hanok.seoul.go.kr

더 알아보기

독립선언서 초안을 건네다, 중앙고등보통학교 숙직실 터

기와를 맞대고 어깨동무를 한 듯 어우러진 북촌의 한옥들처럼 일제 강점기엔 평범한 조선인들도 다양한 방식으로 서로의 힘을 모았습니다. 그런 연대의 힘이 폭발한 것이 바로 1919년에 일어난 3·1만세운동이죠.

같은 해 2월 8일 동경에선 2·8독립선언이 일어납니다. 2·8독립선언 전 독립선언서의 초안을 국내로 전달한 인물이 바로 송계백입니다. 그는 모자 안감을 뜯어 독립선언서를 넣고는 국내로 몰래 들고 오는 데 성공합니다. 송계백은 중앙고등보통학교 교사 현상윤과 교장 송진우에게 동경에서의 거사 계획을 미리 알리고 독립선언서 초안을 전달합니다. 이를 모의한 곳이 바로 현재 북촌에 있는 중앙고등학교, 즉 경성의 중앙고등보통학교 숙직실입니다.

이 장소는 1926년, 제2의 3·1만세운동이라 불리는 6·10만세운동에서도 큰 역할을 한 곳입니다. 6·10만세운동은 순종의 장례일을 기해 학생들이 중심이 되어 일어난 독립운동으로, 당시 중앙고등보통학교 학생 300여 명도 시위에 참여했습니다. 교내에는 이 두 만세운동을 기념하는 3·1운동 책원비, 6·10운동 기념비가 놓여 있습니다.

중앙고등보통학교 숙직실 터

주소 서울시 종로구 창덕궁길 164

* 중앙고등보통학교 숙직실 터가 있는 중앙고등학교는 현재 대중에게 개방하고 있지 않습니다.

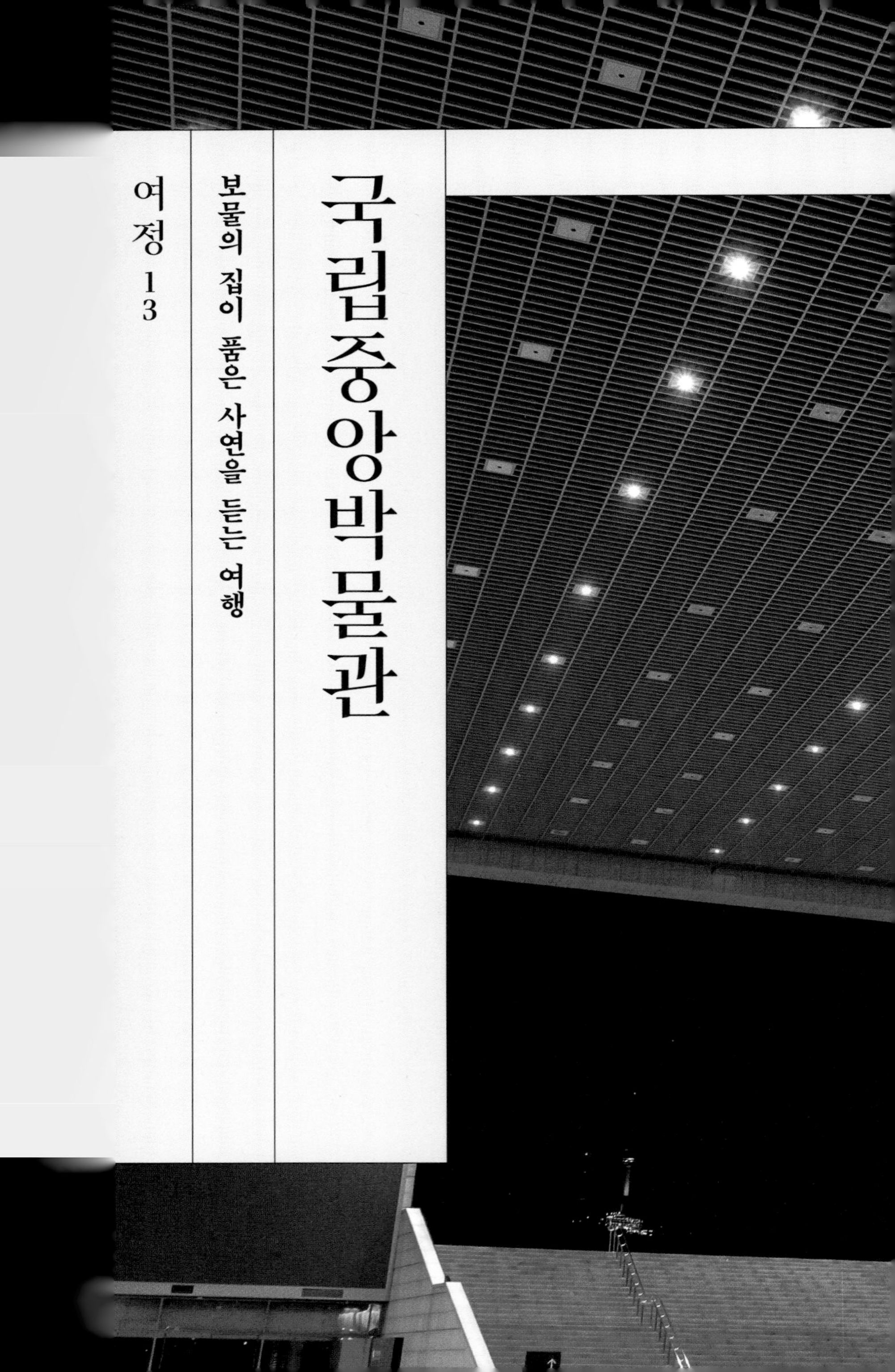

국립중앙박물관

보물의 집이 품은 사연을 듣는 여행

여정 13

서울시 용산구 서빙고로 137

이촌역 국립중앙박물관 방향 출구를 나서면 탁 트인 용산가족공원에 위치한 국립중앙박물관이 웅장한 모습을 드러냅니다. 국립중앙박물관은 상설 전시하는 유물이 약 2만 점에 달하는 우리나라 최고의 박물관입니다. 또한 이곳에서는 수장고에서 보호받다 특별 전시 때만 모습을 드러내는 유물들도 만날 수 있습니다. 아름답게 빛나지만 제각각의 사연을 가진 유물들이 잠든 곳, 이 보물의 집에는 어떤 뒷이야기가 가득한지 여행을 떠나봅니다.

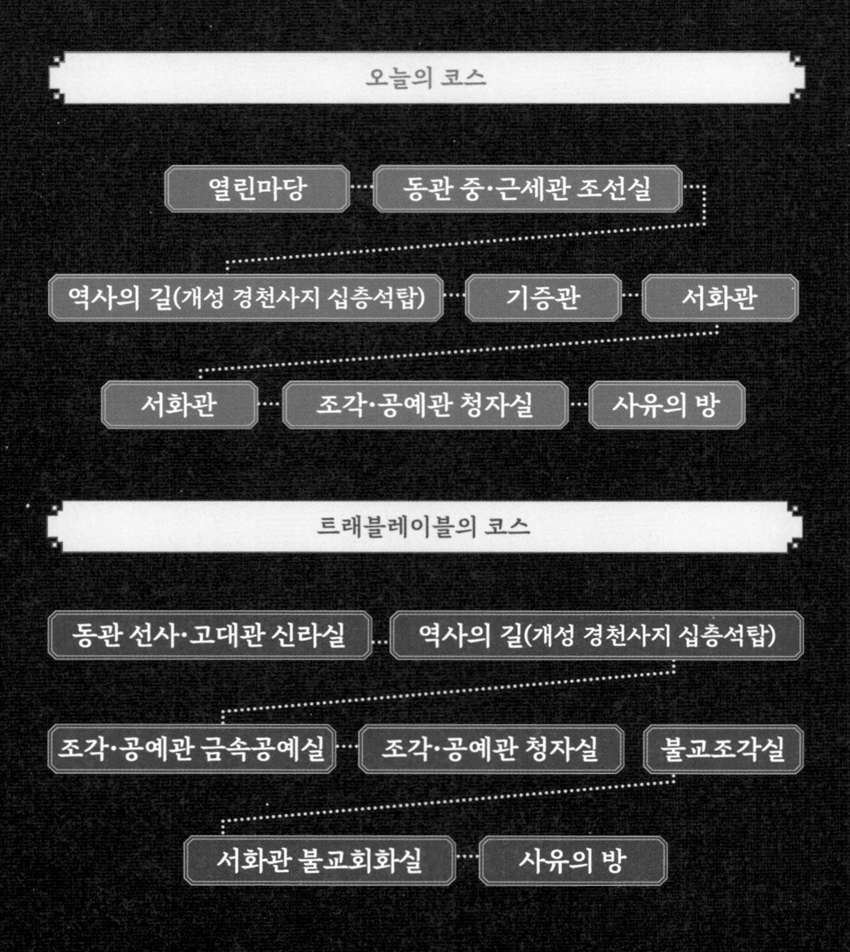

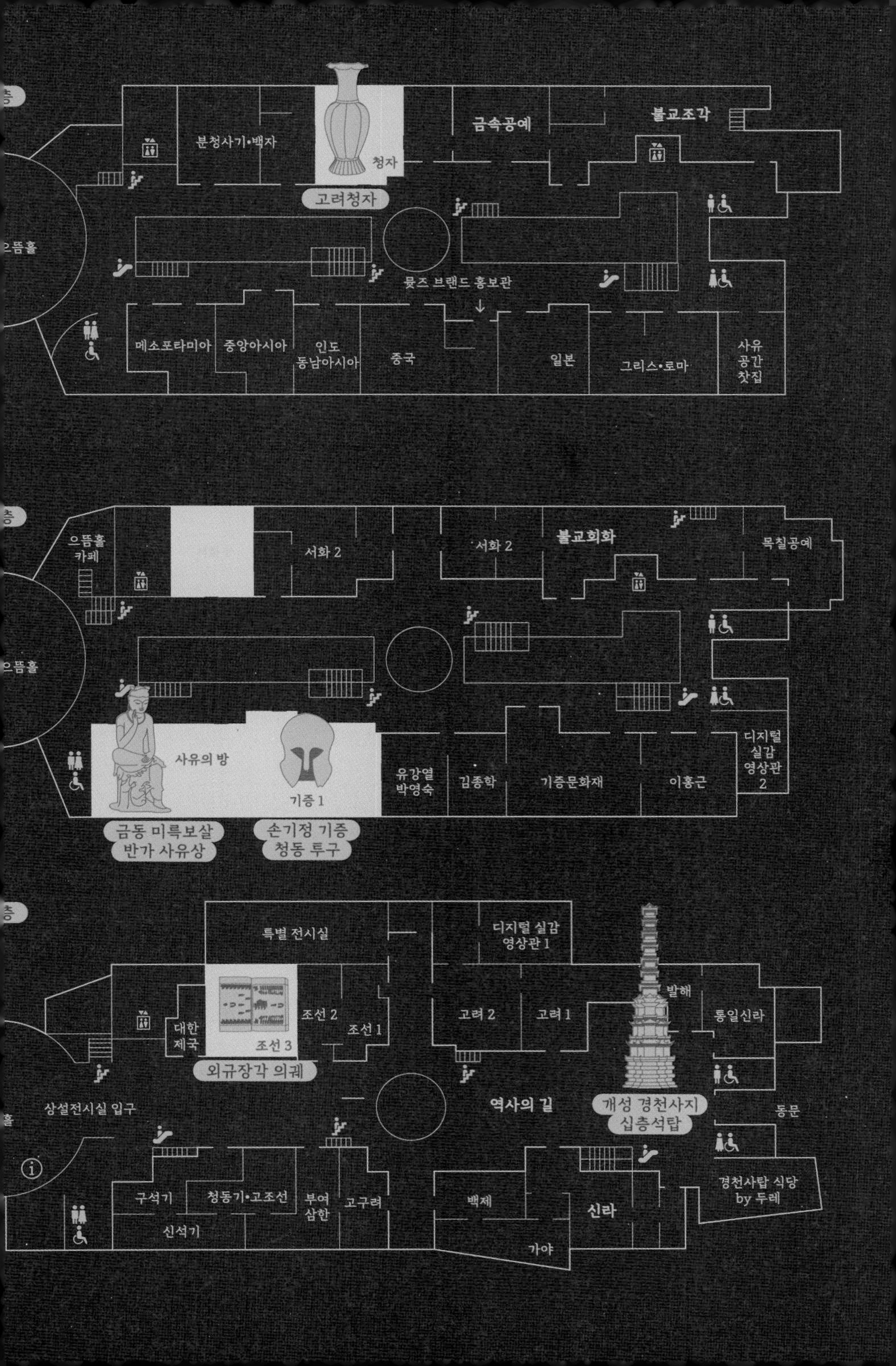

층
분청사기•백자
청자
금속공예
불교조각
고려청자
으뜸홀
뮷즈 브랜드 홍보관
메소포타미아
중앙아시아
인도
동남아시아
중국
일본
그리스•로마
사유
공간
찻집
층
으뜸홀
카페
서화 2
서화 2
불교회화
목칠공예
으뜸홀
사유의 방
기증 1
유강열
박영숙
김종학
기증문화재
이홍근
디지털
실감
영상관
2
금동 미륵보살
반가 사유상
손기정 기증
청동 투구
층
특별 전시실
디지털 실감
영상관 1
발해
대한
제국
조선 3
조선 2
조선 1
고려 2
고려 1
통일신라
외규장각 의궤
상설전시실 입구
역사의 길
개성 경천사지
십층석탑
동문
홀
구석기
청동기•고조선
부여
삼한
고구려
백제
신라
가야
신석기
경천사탑 식당
by 두레

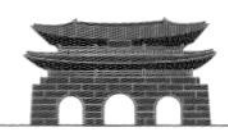

용산에서
다시 시작하는 박물관

국립중앙박물관 입구의 너른 마당을 "열린마당"이라 부릅니다. 열린마당에 서서 박물관의 전경을 바라보면 가로로 길게 늘어선 성벽의 모습입니다. 용산은 예부터 군사적 요충지였고, 외세 침략을 경험하며 용산 땅의 주인이 바뀌곤 했습니다. 한때는 청나라 군대, 또 한때는 일본의 군대가 자리했고, 가장 최근에는 한미상호방위조약에 따라 미국 육군기지가 있었습니다.

2005년, 우리의 힘으로 이 땅을 지켜나가겠다는 의미를 담아 용산에 국립중앙박물관을 개관했습니다. 그렇기에 박물관의 일반적인 외형과는 달리 '방어'의 의미를 담아 성벽의 모습으로 지었지요.

박물관을 뜻하는 영단어 Museum의 어원은 Museion으로, '예술과

학문의 여신인 뮤즈의 집'을 의미합니다. 하지만 오늘날의 박물관은 다양한 유물을 연구하고 대중을 대상으로 전시하는 공간, 즉 공공 박물관의 모습으로 변화했습니다. 근대 공공 박물관에서 '전시'는 '과시'의 의미와 맞닿아 있었습니다. 19세기 후반, 제국주의가 만연했던 시대에 서구 열강이 자신들의 전리품을 과시하기 위해 열었던 만국박람회의 연장선이었죠.

아시아에선 일본으로부터 박물관의 개념이 확산됩니다. 서구의 문물과 제도를 받아들여 급속한 근대화를 이룬 일본은 문화재 관리에도 서구의 방식을 따릅니다. Museum을 '여러 사물과 그에 관한 참고가 될 만한 물건'이란 뜻의 박물博物로 번역하고 객사 관館 자를 붙여 장소의 의미를 더했습니다.

우리나라 공공 박물관의 시작은 1909년 창경궁에 세운 '이왕가 박물관'입니다. 1915년엔 경복궁 자리에 '조선총독부박물관'이 세워지죠. 이곳들은 일본이 식민 지배를 정당화하고 자신들의 우월성을 과시하기 위해 마련한 공간이었지만, 우리나라 최초로 유물을 한데 모아놓았다는 관점에선 공공 박물관의 시작으로 여겨집니다.

1950년 발발한 한국전쟁으로 인해 수많은 우리의 유물이 피난길에 오르고 파괴되고 훼손됩니다. 전쟁 이후에도 이리저리 옮겨지다 2005년 용산에 국립중앙박물관이 개관하고 나서야 수십만 점에 달하는 유물이 제자리를 찾게 되었지요. 하지만 우리가 지켜야 할 문화재는 아직 많이 남아 있습니다.

24만 6304점. 19세기 후반부터 국외로 반출되어 아직 제자리로 돌아오지 못한 우리 문화재의 수입니다. 전 세계 29개국에 흩어져 있는데, 그중 약 45%가 일본에 있다고 합니다. 언젠가 우리의 유물을 모두 지켜낼 그날을 그리며, 오늘은 마침내 우리 곁으로 돌아와 국립중앙박물관에 전시된 오래된 문화재들을 만나보려 합니다.

《외규장각 의궤》, 기록 문화의 고귀함

상설 전시관인 동관 1층에 중·근세관 조선실이 있습니다. '유학의 나라', '기록의 나라'임을 증명하듯 조선실에 전시된 다수의 유물은 책입니다. 그중 우리가 주목할 문화재는 조선실 한쪽에 펼쳐져 있는데, 그 주인공은 바로 특별한 사연을 안고 다시 돌아온 《외규장각 의궤》입니다.

1866년 강화도에서 프랑스 군대와 조선의 군대가 격전을 치렀습니다. 바로 병인양요입니다. 강화도를 습격한 프랑스군은 규장각의 부속 도서관, 외규장각에 보관된 의궤를 발견합니다. "이 수많은 기록이 미지의 나라 조선을 이해하는 데 도움을 줄 것이다." 그렇게 그들은 의궤 276권을 포함한 359점의 유물을 훔쳐갑니다.

의궤는 금은보화로 치장되어 있지 않습니다. 수백 권에 달하는

영구 대여로 돌아온《외규장각 의궤》.

책으로, 왕실의 주요 행사를 기록한 그림으로 가득 채워져 있을 뿐이지요. 당시 다른 나라의 진귀한 보석을 많이 접했을 프랑스군의 눈에 이 기록물이 왜 특별해 보였을까요?

지금까지도 왕실의 각종 행사를 이리도 상세하게 아름다운 그림으로 기록한 나라는 없다고 합니다. 심지어 프랑스에 약탈당한 의궤 276권은 어람용으로, 조선 왕실에서도 오직 왕이 관람하기 위한 용도로 제작했습니다. 종이의 재질부터 글씨체, 장식까지 가장 정성스럽게 만들었지요.

《외규장각 의궤》의 존재가 다시 세상에 알려진 것은 1975년이었습니다. 프랑스에서 유학하며 약탈당한 우리의 기록물을 찾아다녔던 고 박병선 박사가 프랑스 국립도서관 폐서고 안에서 먼지로 뒤덮여 있는 의궤를 발견한 것입니다. 프랑스와 우리나라의 길고도 긴 협상 끝에 2011년, 145년 만에 의궤 276권은 고국으로 돌아오게 됩니다. 그런데 아이러니하게도 돌아온 것은 맞으나 공식적인 반환은 아니었습니다. 《외규장각 의궤》 276권의 소유권은 아직도 프랑스에 있기 때문입니다.

약탈 문화재 반환은 프랑스와 대한민국 간의 문제만이 아닌 전 세계 국가들의 이해관계가 얽힌 예민한 문제입니다. 그렇기에 의궤 또한 반환이 아닌 '영구 대여'로 돌아올 수밖에 없었던 것이죠. 하지만 '영구 대여'에도 조건이 붙었습니다. 우리나라는 결국 프랑스의 고속철도 테제베TGV를 도입하는 조건으로 《외규장각 의궤》를 돌려받았죠. 그렇게 2004년, 프랑스 기술로 설계 및 제작한 고속철도 KTX가 개통됩니다.

"조선에 머물며 이곳의 문화를 감탄하면서 볼 수밖에 없었고 그들의 문화는 우리의 자존심을 상하게 했다. 이들은 아무리 가난한 집이라도 어디든지 책이 있다는 사실 때문이었다."

병인양요 당시 강화도에 주둔했던 프랑스의 해군 장교 주베르의 말입니다. 조선은 "기록 문화의 정수"라 합니다. 그것을 증명하듯 『조선왕조실록』과 『승정원일기』, 분상용 의궤 3500여 권이 유네스코 세계기록유산에 등재되어 있습니다. 하지만 《외규장각 의궤》 276권은 프랑스 소유이기에 함께 이름을 올릴 순 없었습니다. 그럼에도 불구하고 《외규장각 의궤》가 조선의 가장 완벽한 기록물 중 하나였다는 사실은 변하지 않습니다.

아름다워 고달팠던 개성 경천사지 십층석탑

국립중앙박물관 전시관 1층, 역사의 길 가장 안쪽엔 모두의 시선을 사로잡는 탑이 우뚝 서 있습니다. 고려 개경의 사찰, 경천사 마당에 놓여 있던 국보 개성 경천사지 십층석탑입니다.

고려 말 원나라에서 유행하던 불교 양식이 한반도에서도 인기를 얻었던 시절, 당시 권문세족이던 기씨 집안(기황후 일가)이 경천사에 만든 탑입니다. 약 13.5m 규모를 자랑하는 이 탑은 무른 재질의 대리석으로 만들어 화려하고 정교한 조각을 새길 수 있었습니다. 누가 봐도 아름다웠기에 고려부터 조선에 이르기까지 랜드마크로 꼽히곤 했지만 동시에 침략자들의 탐욕도 자극했습니다.

1907년 일본의 궁내대신이었던 다나카 미스야키가 이 석탑을 일본으로 반출하려 합니다. 그는 운반이 편리하도록 석탑을 140개의 조각으로 해체하고, 10여 개에 달하는 달구지에 실었죠.

이때 다나카의 만행을 그냥 지켜볼 수 없었던 외국인들이 등장합니다. 바로 외신 기자로 활동하던 미국인 헐버트와 영국인 베셀입니다. 그들은 수차례의 기고를 통해 다나카의 문화재 반출 시도를 알리며 석탑을 되돌려놓을 것을 촉구합니다. 이런 공론화에 압박을 느낀 다나카는 결국 탑을 포기하고 반환합니다. 그러나 제자리에 되돌려놓지는 않았죠. 석탑은 다나카가 포장해놓은 상태 그대로 방치되다가 1960년대에 들어서야 본격적인 복원이 진행됩니다.

복원 초기의 개성 경천사지 십층석탑은 경복궁 야외에 놓입니다. 대리석이라는 재질의 특성 때문에 풍화작용으로 인한 훼손 우려가 컸지만, 이런 거대한 탑을 들일 수 있는 실내 공간은 마땅치 않았겠죠.

2005년에 개관한 국립중앙박물관은 설계를 시작할 때부터 이 석탑의 전시를 염두에 둡니다. 박물관은 지상 3개의 층으로 구성됐지만, 건물의 중앙은 층을 나누지 않고 비워 층고를 높게 올렸죠. 그리고 마침내 개성 경천사지 십층석탑을 중심으로 국립중앙박물관의 모습이 완성됩니다. 이제 석탑은 박물관에서 보호받는 우리의 국보가 되었습니다.

개성 경천사지 십층석탑에 맞춰 짓다, 국립중앙박물관.

다시 돌아온
고대 청동 투구

국립중앙박물관의 수많은 유물만큼 이들을 보유하게 된 경로도 다양합니다. 그중에는 개인이 기증한 유물도 있습니다. 동관 2층의 기증관에서 특별한 유물을 만나볼 수 있는데요, 둥근 방 하나에 단독 전시된 청동 투구가 그것입니다. 전시실에는 한 인물에 대한 소개 글도 있습니다. 바로 1936년 제11회 베를린 올림픽 마라톤 경기에서 금메달을 목에 건 손기정 선수입니다.

당시 우승 메달과 함께 주어진 부상이 현재 전시된 고대 그리스의 청동 투구였던 것이죠. 하지만 우승의 영광만 누렸을 법한 이 투구가 이곳으로 오기까지에는 긴 사연이 있습니다. 1936년 우승 당시 손기정 선수에게 이 투구가 전달되지 않았기 때문입니다. 당시 일장기를 걸고 일본 선수로 출전했지만 정식 마라토너가 아니었기 때문에 국제올림픽위원회는 "아마추어 선수에게는 메달 이외의 어떠한 선물도 공식적으로 수여할 수 없다"라는 규정을 근거로 투구를 주지 않았습니다. 일제도 이 사실을 알고 있었으나 딱히 항의하지 않았죠. 그렇게 손기정 선수는 받아야 할 다른 부상이 있다는 것도 모른 채 귀국합니다.

그렇게 시간이 흐른 뒤, 1975년 청동 투구가 독일의 샤로텐부르크 박물관에 "일본 선수 손기떼이(손기정의 일본어 표기)의 기념상"으

손기정 선수의 청동 투구.

로 전시된 걸 알게 된 손기정 선수는 독일에 항의했으나 독일은 투구를 주려 하지 않았죠.

하지만 손기정 선수는 포기하지 않았습니다. 그는 청동 투구의 본 주인인 그리스에 도움을 요청했고, 그리스는 그의 요청에 응답합니다. 1936년 독일이 고대 그리스 청동 투구의 반출을 허가받을 당시, 마라톤 우승자에게 기증한다는 조건이었다는 점을 근거로 손기정 선수에게 청동 투구를 전달할 것을 요청합니다.

그렇게 손기정 선수는 1986년 베를린 올림픽 50주년 기념 행사에 자신의 우승 부상인 투구를 품에 안을 수 있었고, "이 투구는 나의 것이 아니라, 우리 민족의 것"이라며 국립중앙박물관에 기증합니다.

하지만 여전히 국제올림픽위원회의 기록에는 손기정 선수뿐 아니라 같은 마라톤 경기에서 3위에 올랐던 남승룡 선수의 국적이 일본으로 표기되어 있습니다. 국적을 우리나라로 고치려 했지만 위원회의 방침에 따라 공식 기록을 바꿀 수 없었다고 합니다. 일제 강점기, 열악한 환경 속에서도 메달을 목에 걸었던 우리 선수들의 이야기는 아직도 끝나지 않았습니다.

Collection by stealers,
고려청자

3층 전시실의 하이라이트, 조각·공예관 청자실에 발을 들여봅니다. 어두운 조명 속에서 영롱하게 빛나는 청자들이 비색의 향연을 이루고 있습니다. 특히 사람이나 동식물의 형상을 본떠 만든 상형청자의 자태는 청자실을 방문한 이들의 시선을 빼앗으며 감탄하게 만들죠. 지금은 고려청자가 박물관의 대표 유물로 전시되고 있지만, 이 청자 대부분이 이토 히로부미의 수집품으로 불법 반출되었던 것들이라면 믿으시겠어요.

고려청자들이 우리 품으로 다시 돌아오게 된 데는 사연이 있습니다. 고려 시대가 끝나고 조선 왕조가 500년을 이어가면서 한반도에서 고려청자는 자취를 감췄습니다. 시간이 흘러 1909년 창경궁에 이왕가박물관이 문을 열자 다시 모습을 드러냈죠. 당시 고려청자를 보며 조선통감부 초대 통감 이토 히로부미와 고종 황제가 나눴다는 이야기가 있습니다.

고종 "이것은 무엇입니까?"

이토 "이것은 이 나라 고려에서 만든 자기입니다."

고종 "희한하군요. 이 나라에는 이런 자기가 없습니다."

이토 "……."

고려청자들을 다시 품은 청자실.

식민지 조선 땅에서 우리나라 도자기를 연구했던 아사카와 노리타카는 이왕가박물관의 관장에게 전해 들었다며 이 대화를 책에 기록해두었습니다. 과연 고종은 고려의 청자도 몰랐던 무지한 황제였을까요. 지금이야 유물 발굴이 익숙한 시대지만, 조선은 선조의 무덤을 함부로 파헤치지 않는 나라였습니다. 조선 왕조 500년의 역사 이전, 고려인들의 무덤에 묻힌 부장품이 고려청자라는 사실을 모르는 것은 어쩌면 당연했겠지요.

이토 히로부미의 마지막 반응에 다시 주목해봅니다. 고종과의 대화에서 이토 히로부미가 주춤했던 이유는 고려인의 무덤에서 청자를 꺼낸 이가 본인이었기 때문은 아니었을까요. 실제로 그는 대표적인 고려청자 수집가였습니다. 닥치는 대로 고려청자를 사들이자 많은 일본인이 식민지 조선 땅을 마구잡이로 파헤쳤지요. 이른바 '도굴의 시대'였죠. 이토 히로부미가 한반도에서 불법 반출한 청자만 1000여 점이었다고 하니까요.

1965년 일본과 다시 국교를 맺는 한일협정이 체결되며 이토 히로부미가 가져간 고려청자 97점이 우리 곁으로 돌아왔습니다. 그렇게 국립중앙박물관에 전시된 청자들은 아직도 회수되지 못한 청자들을 기다리며 은은히 빛나고 있습니다.

천 년의 미소를 되찾다

국립중앙박물관을 대표하는 전시관 중 하나는 단연 '사유의 방'일 것입니다. 2021년 11월 '사유의 방'이 공개됐을 당시, 나란히 자리한 금동 미륵보살 반가 사유상 두 점을 보며 온몸이 짜릿해지는 감동을 받은 기억이 있습니다.

이전에도 반가 사유상은 전시를 통해 대중에게 공개되었습니다. 하지만 이 두 점의 반가 사유상 모두 천 년이 넘는 세월을 거쳐 온 국보이기 때문에 보존 처리를 위해 교차 전시만 진행했죠. 하지만 오롯이 두 국보만을 위한 공간을 만들고 심지어 유리관을 벗긴 채 나란히 전시함으로써 우리는 사유의 방에 들어서는 것만으로도 온몸으로 유물의 위상을 경험할 수 있게 되었습니다.

반가 사유상들의 제작 시기는 삼국 시대로 추정되나 고구려, 백제, 신라 중 정확히 어느 시대에 만들었는지는 알려져 있지 않습니다. 두 점 모두 정식 발굴로 공개된 것이 아니라 일제 강점기에 도굴당했던 유물이기 때문입니다. 옛 지정번호 국보 78호 반가 사유상은 1912년 조선총독부가 골동품 수집가 후치가미 데이스게로부터 당시 4000원, 현재가 약 1억 8000만 원을 주고 사들인 것입니다. 옛 지정번호 국보 83호 반가 사유상은 1912년 고종 황제가 고미술상 가지야마 요시히데로부터 2600원, 현재가 약 1억 2000만 원을 주고

두 점의 국보, 금동 미륵보살 반가 사유상.

구입해 이왕가박물관에 들였지요.

먼 길을 돌아 '사유의 방'에 자리한 반가 사유상들은 우리에게 고요한 미소를 보냅니다. 그 미소를 보고 있노라면 국립중앙박물관이라는 성벽 안에서 마침내 평화를 찾은 우리 보물들의 마음을 엿본 것만 같습니다. _가이드 K

국립중앙박물관		
	주소	서울시 용산구 서빙고로 137
	찾아가기	지하철 4호선·경의중앙선 이촌역 2번 출구에서 도보 4분
	운영 시간	월~화·목~금·일요일 10:00~18:00(입장 마감 17:30), 수·토요일 10:00~21:00(입장 마감 20:30)
	휴관일	1월 1일, 음력설 당일, 추석 당일
	입장료	무료
	홈페이지	www.museum.go.kr
	인스타그램	@nationalmuseumofkorea

더 알아보기

덕후들이 지켜낸
국보 〈세한도〉

동관 2층 서화관의 첫 방에는 추사 김정희의 문방사우와 추사의 각종 호를 담은 인장들이 한데 전시되어 있습니다. 추사 김정희는 19세기 후반 한·중·일 모두 예찬한 서예가이자 예인이었습니다. 원조 한류 스타였던 그를 따르는 덕후도 많았지요.

그의 대표작인 〈세한도〉는 현재 국립중앙박물관에서 소장하고 있습니다. 헌종 때 제주도로 유배당한 후 그린 그림으로, 집 한 채와 고목 몇 그루가 있는 겨울 풍경을 담았습니다.

국보 〈세한도〉의 가치에는 작품 자체의 완성도뿐 아니라 이 그림이 거쳐 온 여정도 한몫합니다. 추사의 이 그림은 일제 강점기에 친일파 민영휘에 의해 경성제국대학의 교수였던 후지츠카 치카시에게 팔리게 됩니다. 후지츠카는 김정희의 열혈 팬으로, 일생 동안 김정희의 작품을 모으는 데 힘을 쏟은 인물입니다. 그는 〈세한도〉를 구매 절차를 거쳐 소유했기 때문에 그림을 환수하는 데 큰 어려움이 따랐죠.

하지만 이때 서예가 손재형이 등장합니다. 손재형은 후지츠카를 찾아가 〈세한도〉를 되팔라고 청합니다. 그러나 후지츠카는 자신도 김정희를 지극히 존경하기 때문에 그럴 수 없다고 말하죠. 손재형은 포기하지 않고 하루가 멀다 하고 찾아가 간곡히 부탁합니다. 결국 그에게 후지츠카가 이렇게 말합니다.

> "당신은 〈세한도〉를 받을 자격이 되는 것 같습니다. 김정희 선생님을 존경하는 그대의 마음이라면 안심하고 전달할 수 있겠군요."

후지츠카는 〈세한도〉를 아무 대가 없이 내어주었습니다. 얼마 지나지 않은 1945년 3월 후지스카의 서재에 불이 나는데, 〈세한도〉는 이미 손재형에게 건네진 후였지요. 1970년대에는 〈세한도〉가 손재형의 손을 떠나 개성 출신 실업가 손세기의 소장품이 되었고, 그의 장남 손창근이 2020년 국가에 기증합니다. 후지츠카의 아들 또한 아버지가 일평생을 모은 김정희의 작품들을 모두 우리나라에 기증했습니다. 이렇게 경기도 과천에 추사박물관이 세워집니다.

남산

서울을 닮은 그곳으로의 여행

여정 14

서울시 중구 회현동 1가

'서울의 랜드마크' 하면 많은 사람이 가장 먼저 떠올릴 법한 남산. 남산에 우뚝 솟은 남산서울타워, 사랑을 약속하는 자물쇠, 커다란 왕돈가스 등 우리에게는 추억을 쌓는 공간이지만 과거엔 신성한 곳이었다고 합니다. 조선의 시조인 이성계의 사당이 있었고, 소년 이순신이 군사 훈련을 받았던 이 산이 서울의 랜드마크가 되기까지 어떤 일들이 있었을까요? 대한민국의 역사 속, 서울과 궤를 같이하며 변화무쌍한 시간을 지나온 남산으로 마지막 여행을 떠나봅니다.

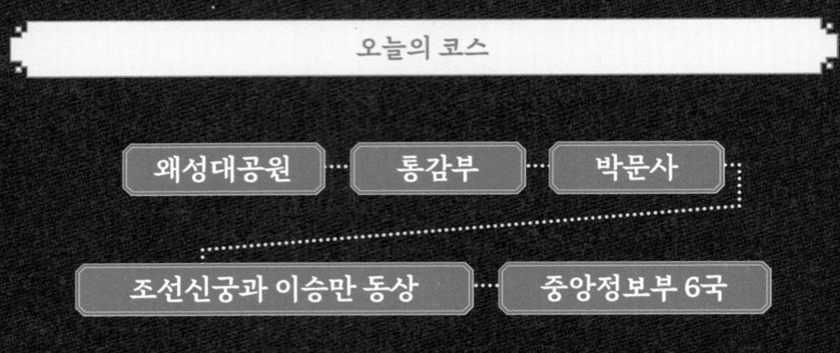

* 오늘의 코스는 글의 흐름에 따른 스토리 코스입니다.
실제 방문 시에는 트래블레이블의 추천 코스를 따라가 보세요.

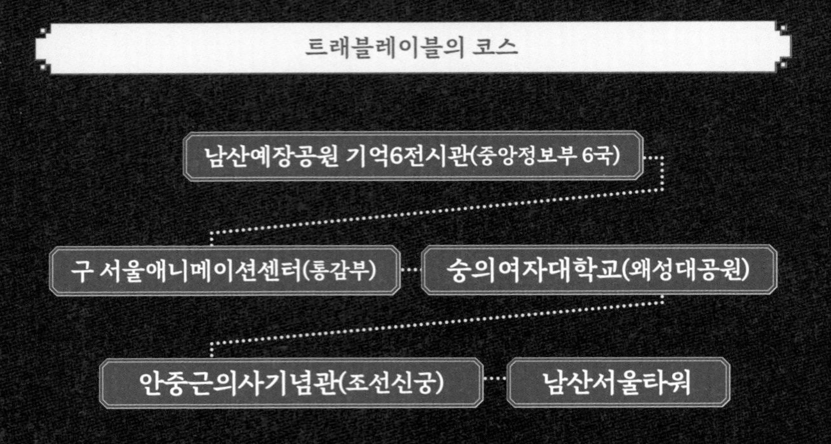

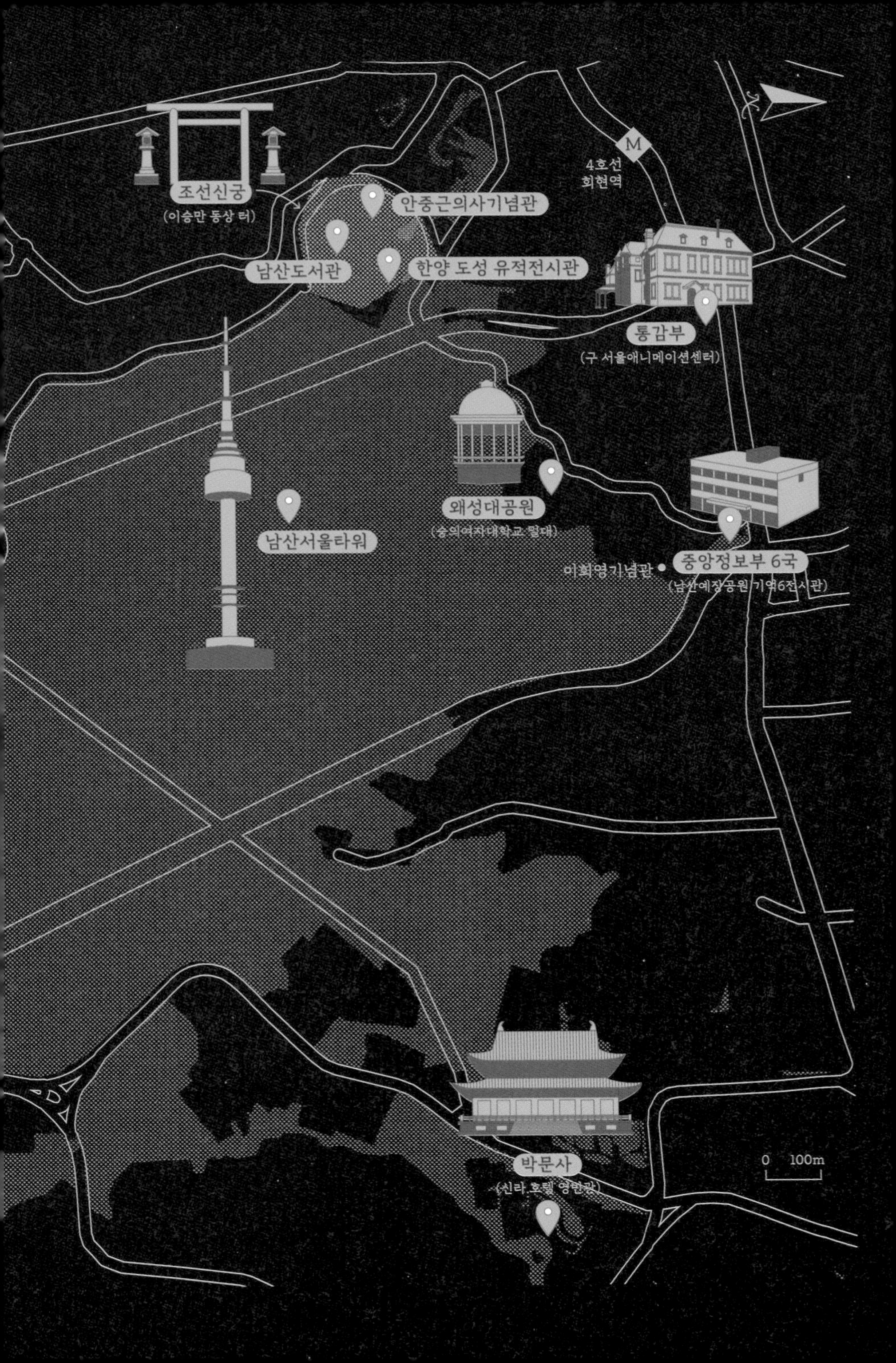

4호선
회현역
M
조선신궁
(이승만 동상 터)
안중근의사기념관
남산도서관
한양 도성 유적전시관
통감부
(구 서울애니메이션센터)
남산서울타워
왜성대공원
(숭의여자대학교 일대)
이회영기념관
중앙정보부 6국
(남산예장공원 기억6전시관)
박문사
(신라 호텔 영빈관)
0
100m

철갑을 두른
소나무에 생긴 균열

〈애국가〉 2절에는 "남산 위에 저 소나무 철갑을 두른 듯"이라는 가사가 등장합니다. 실제로 조선 시대의 남산에는 소나무가 많았다고 하는데 그 이유는 남산의 위치와 관계가 깊습니다.

본래 "목멱산"으로 불리던 남산은 왕이 살고 있는 경복궁을 기준으로 남쪽에 있다 하여 '남산'이라 이름 붙여집니다. 경복궁에서 왕은 북쪽에 놓인 북악산을 등 뒤에 놓고 남쪽의 목멱산을 바라보며 앉았습니다. 다시 말해 남산은 언제나 왕의 시선이 머무는 산이었지요. 그러다 보니 조선 시대에는 왕의 기운을 상징하는 푸른 소나무를 남산에 많이 심었고, 신성한 나무가 훼손되지 않도록 산소로 쓰거나 벌목하는 일도 철저히 금지했습니다.

수백 년간 이어지던 소나무의 위용에 그림자가 드리워진 것은 1885년경입니다. 일본공사관이 남산에 들어선 것과 관계가 깊지요. 1876년 조선은 일본제국과 최초의 근대적 조약이자 불평등 조약인 강화도조약을 체결합니다. 수교를 약속했으니 일본공사관이 조선에 자리하게 되는데, 처음 들어선 곳은 현재 서대문역 부근이었습니다. 그러나 1882년 일제의 도움으로 결성된 신식 군대 '별기군'과의 차별을 견디지 못한 구식 군인들이 임오군란을 일으키고 일본공사관을 습격하면서 교동 인근으로 일본공사관을 옮기게 됩니다.

하지만 이곳에서도 오래 머물지 못했습니다. 1884년 급진 개화파가 일으킨 갑신정변으로 인해 교동에 있던 공사관마저 불이 났기 때문입니다. 화재로 공사관을 잃은 일제는 이듬해인 1885년 조선에 피해 보상을 요구하며 한성조약을 체결하는데, 이 조약에는 조선이 일본에 공사관을 지을 수 있는 부지와 비용을 지원한다는 내용이 적혀 있었습니다.

이를 계기로 1885년 1월, 남산에 일본인들이 거주하기 시작합니다. 일본공사관이 남산 부근 예장동에 들어서자 일본인들이 자연스럽게 공사관 부근에 집을 마련한 것이죠. 북촌과 대척점에 있던, 일본인 거주 지역으로서의 남촌 역사는 이렇게 시작됩니다. 조선의 하급 관리와 선비들이 살던 남산골이 일제 강점기, 경성에 거주하는 일본인들의 본정을 뜻하는 혼마치本町로 변하게 된 것이죠.

역사의 아이러니, 예장동과 왜성대공원

한성조약의 결과로 1885년 일본공사관이 들어선 예장동은 조선 시대 군사 훈련 기관인 무예장이 있던 장소입니다. 충무공 이순신도 이곳에서 군사 훈련을 받았다고 전해지지요. 1592년에 임진왜란을 승리로 이끈 이순신 장군이 훈련했던 곳에 약 300년 뒤, 일본인들이 거주하는 아이러니한 상황이 벌어집니다.

1895년, 조선의 소유권을 두고 일어난 청일전쟁에서 승리한 일본은 한반도에 거주할 수 있는 일본인의 수를 늘려 달라고 요청합

왜성대공원, 『조선풍경인속사진첩』(1911), 서울역사박물관 소장.

니다. 이에 고종은 일본공사관이 있던 예장동 일대에 추가로 1만m^2 땅을 빌려주는데, 일제는 이 지역에 '왜성대'라는 이름을 붙였습니다. 임진왜란 당시 일본군이 주둔하던 지역이었음을 기리는 의미에서 붙인 이름이었습니다.

왜성대 부근으로 일본인 거류지가 형성되자, 일제는 1897년 자국민의 편의를 위해 '공적인 정원'을 짓는데, 바로 왜성대공원입니다. 왕과 동급이었던 신성한 산을 공원으로 바꾼 것으로는 모자랐을까요? 이듬해인 1898년 왜성대공원에 신사가 하나 들어섭니다. 지금의 숭의여자대학교 자리에 놓여 있었던 경성신사는 일본의 조상신인 아마테라스 오미카미를 모시는 곳이었습니다.

숭의여자대학교에 들어서면 신사와 관련된 안내판이 있습니다. 안내판의 내용 중 눈길을 끄는 것은, 구한말 숭의여자대학교 C동 자리에서 차를 즐겨 마셨다는 한 남자의 이야기입니다. 서울 도심이 훤히 내려다보이는 신궁 근처에서 차를 마시던 그는 그 이름도 악명 높은 이토 히로부미였습니다.

남산에 남은 이토 히로부미의 흔적

1905년에 강제로 을사늑약이 체결되었습니다. 대한제국은 외교권을 박탈당했을 뿐만 아니라 조선을 통제하고 감시하는 통감부가 이 땅에 들어서는 것을 바라만 보아야 했습니다. 국가의 황제가 버젓이 있었음에도 그 위에서 군림하며 통제하는 기관이 들어섰기 때문에, 실질적으로 대한제국이 힘을 잃기 시작한 것은 1905년의 을사늑약부터라고 보는 역사학자도 많습니다. 불법적인 조약을 강제로 밀어붙인 사람, 막무가내로 설치한 통감부에 초대 통감으로 부임한 사람이 바로 이토 히로부미입니다.

1995년 개관 당시 서울애니메이션센터였던 자리에 100여 년 전 이토 히로부미가 출근하던 통감부가 있었습니다. 이곳에서 그는 고종 황제를 강제로 폐위시키고, 대한제국의 군대를 강제로 해산시켰으며, 사법권과 경찰권까지 통감의 발밑에 두고자 했습니다. 그리고 이에 반발해 전국 각지에서 의병 활동이 일어나자, 일본군은 의병들을 잔인하게 탄압했지요.

이에 이토 히로부미를 처단하기로 마음먹은 안중근 의사는 1909년 10월 26일, 하얼빈역에서 그를 저격하는 데 성공합니다. 하지만 의거에 성공한 지 일 년도 채 지나지 않은 1910년 8월 29일, 경술국치의 그날에 조선은 마지막 남은 주권까지 일제에 빼앗기고 맙니다. 게다가 이토 히로부미는 죽어서까지 경복궁이 훤히 내려다보이는 남산 자락에 머물게 되었지요. 조선을 지키기 위해 목숨을 바친 영령들의 자리를 빼앗으면서 말입니다.

현재 신라 호텔 영빈관이 있는 장충동 일대는 이토 히로부미의

박문사가 있던 자리, 신라 호텔 영빈관.

위패를 모신 사찰, 박문사가 있었던 자리입니다. 박문사가 설치되기 전엔 대한제국 시기 호국 영령들을 모시던 장충단이 있었는데, 1909년 11월 이토 히로부미의 장례가 장충단에서 열리며 본래 갖고 있던 숭고한 이미지가 퇴색되었습니다. 1910년 국권 피탈로 대한제국의 주권을 앗아간 일제는 거침없이 장충단을 훼손하기 시작했습니다. 1919년에는 벚나무를 잔뜩 심고 장충단공원을 개장해 유원지로 만들기까지 했지요.

그로부터 10년 뒤인 1929년, 이토 히로부미의 사망 20주기를 추모하며 사당을 만들자는 의견이 나오면서 1932년 박문사가 완공됩니다. 경복궁이 내다보이는 자리에 이토 히로부미의 사당을 세운 걸로도 모자랐는지 한술 더 떴지요. 경복궁 내에서 역대 왕들의 어진을 보관하던 선원전을 떼어다 부속 건물로 만들고, 경희궁의 정문인 흥화문을 가져다 정문으로 쓰기까지 했으니 말입니다.

정신까지 지배하려 했던 그곳, 조선신궁

일제는 을사늑약과 국권 피탈을 통해 왕의 시선이 닿는 곳에 통감부를 짓고 일본 거류지를 조성했습니다. 또한 완벽한 식민지로 만들기 위해서는 조선인들의 사상을 바꿔야 한다고 생각해 조선과 일본은 하나라는 내선일체 사상을 설파하기 시작했고, 이에 힘을 싣기 위해 전국 각지에 신사를 만들고 참배를 강요합니다. 오늘날 회현역 근처, 도동 삼거리에서 남산공원으로 이어지는 길이 당시 조선신궁으로 향하는 길이었지요. 길을 따라 이어지는 한양 도성 유적전시관과 안중근의사기념관 그리고 남산도서관의 일부에 걸쳐 조선신궁이 자리 잡고 있었습니다.

일제는 조선신궁을 한반도에서 가장 격이 높은 신사로 추대합니다. 조선신궁은 여의도의 두 배가량 되는 면적을 15개의 건물로 채운 커다란 공간이었던 터라 본래 그곳에 있던 조선 왕조의 국사당은 내쫓기듯 인왕산으로 옮겨졌습니다.

또한 일제는 예대제 일자를 10월 17일로 정합니다. 예대제란 신사에 매년 정기적으로 큰 행사를 여는 일자로, 1925년 조선신궁이 생겨난 이후 매년 10월 17일마다 조선인들은 일본의 건국신, 아마테라스 오미카미와 일본 근대화를 이끈 메이지 천황을 섬기는 이곳에 와 신사 참배를 해야 했습니다. 애국일로 정해진 매달 1일에도 마찬가지였죠. 신사 참배를 거부하던 사립학교들은 폐교를 선언하기도 했지만, 일제가 패망하던 1945년까지 참배는 계속 이어졌습니다.

1945년 8월 15일, 태평양전쟁에서 패배한 일본은 조선신궁에서 분주한 시간을 보냈다고 합니다. 제 손으로 신을 하늘에 돌려보내기 위해 승신식을 여느라 그랬다니 정성이라고 해야 할까요?

남산에 우뚝 선 이야기를 따라서

1956년, 일제가 떠나고 한동안 조용하던 조선신궁 터에 누군가의 동상이 들어섭니다. 그 당시 사진이 걸리지 않은 곳이 없었다던 그 사람, 초대 대통령 이승만입니다. 1956년에 세운 이승만의 동상은 기단까지 합치면 25m에 달할 정도로 거대한 규모였습니다. 제작

조선신궁 터에 위치한 안중근의사기념관.

비만 쌀 2만 600여 섬을 살 수 있을 정도인 어마어마한 프로젝트였지요. 이 동상은 이승만 탄생 80주년을 기념하며 세웠습니다. 당시 이승만은 외국인들이 발음하기 어렵다는 이유로, 서울시의 지명을 자신의 호를 딴 '우남'시로 바꾸자는 의견을 내기도 했다고 합니다. 위엄을 자랑하던 이승만 동상은 1960년 4·19혁명의 환희와 함께 남산에서 철거되고 서울시는 제 이름을 지키게 되었습니다.

그리고 그로부터 10년 뒤인 1970년, 이곳 남산에 새롭게 우뚝 선 건물이 등장합니다. 하얼빈역에서 이토의 심장을 저격한 그 사람, 안중근 의사입니다. 박정희 정부는 1970년 10월 26일, 안중근 의사 순국 60주년을 기념하며 조선신궁 터에 안중근의사기념관을 세웁니다. 신사 참배를 강요받던 굴욕적인 장소에 초대 통감을 저격한 이의 기념관을 세웠으니, 대한민국 국민들은 큰 희열을 느꼈을까요? 동시에 어떤 공포도 느꼈을 것 같습니다. 조선신궁 터와 안중근의사기념관이 있는 '남산'은 당시 나는 새도 떨어뜨린다는 중앙정보부로 대표되는 장소였으니까요.

탁 치니 억 하고 죽은 인권

이승만 동상이 철거된 다음 해인 1961년, 대한민국의 옛 정보기

현대사의 아픈 기억을 담다, 기억6.

관이었던 중앙정보부가 남산에 자리 잡습니다. 오늘날 국가정보원(국정원)에 해당하는 이곳은 1980년대에 신군부가 들어서며 국가안전기획부(안기부)로 이름을 바꾸지만, 독재 정권을 비호하며 민주화 인사를 탄압하는 역할을 했다는 점에서 거의 동일하게 운영됩니다.

국가의 가장 중요한 화두가 반공이던 시절, 독재 정권에 반대하던 민주화 인사들은 이곳에서 간첩으로 조작되어 모진 고문을 당하고 심지어 숨지기까지 했습니다. "남산에 가면 살아서는 못 나온다"라는 그 시절 유행어가 중앙정보부와 국가안전기획부를 둘러싼 공

신흥무관학교의 설립자, 이회영기념관.

포를 짐작하게 합니다.

그중에서도 학원계, 노동계는 물론 일반 시민에 이르기까지 많은 사람을 사찰하고 취조하던 중앙정보국 6국은 가장 악명이 높았지요. 오죽 고통스럽게 사람을 취조했으면 "육국肉局"이라는 별명으로 불리기까지 했을까요. 그 6국이 있던 자리에는 현재 빨간 우체통 모양의 건물이 서 있습니다. 이 우체통은 어떤 이야기를 품고 있는지 따라가 봅니다.

새로 쓰는 남산 이야기,
남산예장공원

1995년 중앙정보부의 후신인 국가안전기획부가 내곡동으로 이전하자, 일제 강점기와 독재 정권을 지나며 100년 가까이 닿을 수 없었던 남산의 북쪽을 제대로 되돌려놓아야 한다는 의견이 제기됩니다. 그렇게 2021년 남산예장공원은 시민 공원으로 개장하게 되는데, 이 가운데 가장 먼저 살펴볼 공간은 '기억6'입니다.

빨간 우체통 모양의 건물로 들어서면 독재 정권 당시 고문을 당한 피해자들의 증언을 통해 복원한 취조실을 만날 수 있습니다. 건물 안팎으로 놓인 구조물들은 6국을 철거하면서 나온 잔해들입니다.

기념관을 벗어나면 공원을 정비하는 과정에서 발견한 조선총독부 관사의 흔적도 발견할 수 있습니다. 바로 관사 터의 기초 일부를 그대로 보전한 유구입니다. 옛 중앙정보부 근처에 자리하고 있는 조선총독부 관사 터를 보고 있자니 새삼 대한민국의 근현대사가 얼마나 파란만장했는지 느껴집니다.

격동의 역사 속에 어둠만 있었던 것은 아닙니다. 잃어버린 나라를 되찾기 위해 스스로 한 줄기 빛이 되었던 사람들이 있었으니까요. 남산예장공원 안에 자리 잡았던 이회영기념관은 칠흑 같은 어둠 속에서 등불이 되었던 여섯 형제의 이야기를 담고 있습니다.

조선의 3대 갑부였던 여섯 형제가 가진 재산을 모두 모아 황무지 서간도로 갑니다. 빼앗긴 나라를 되찾는 것이 염원이었던 그들은 척박한 간도 땅에 신흥무관학교라는 씨앗을 틔우지요. 이 신흥무관학교의 졸업생들은 봉오동전투와 청산리전투를 승리로 이끌었습니다. 잊지 말아야 할 푸르른 기상입니다.

남산예장공원이 품은 마지막 기억은 소나무입니다. 일제 강점기, 벚나무에 밀리며 자취를 감추었던 소나무를 공원에 심었다고 하는데, 바람서리에도 불변하는 이 한 그루 소나무가 제자리를 찾기까지 필요했던 노력과 희생을 기억해봅니다.

서울시는 남산의 아픈 역사를 기억하기 위한 취지로 다크 투어 코스인 '국치의 길'과 '인권의 길'을 조성했습니다. 한 걸음 한 걸음, 과거와 직면하며 걸어야만 하는 길이 남산에 있습니다. _가이드 J

남산	
주소	서울시 중구 회현동 1가
찾아가기	지하철 4호선 회현역·명동역

* 이회영기념관은 남산 곤돌라 공사를 위해 2024년 7월 사직동 소재 옛 선교사 주택으로 자리를 옮겼고, 이회영 선생이 나고 자란 명동으로 2026년 이전할 계획입니다.

더 알아보기

서울 투어의 끝,
남산서울타워

한양, 경성을 거쳐 서울로 이어지는 이야기를 따라 투어의 마지막 코스인 N서울타워, 우리에게는 남산서울타워로 익숙한 곳으로 향합니다. 서울의 랜드마크인 남산서울타워는 1971년 모습을 드러냈습니다. 수도권 전역에 TV, 라디오 방송을 송출하기 위한 종합 전파 탑으로 세워졌고, 1975년 우리가 알고 있는 전망대를 갖춘 타워의 모습으로 완공되었다고 합니다.

하지만 그때부터 관광 명소로 자리 잡은 것은 아니었습니다. 전망대에서 청와대가 훤히 내려다보인다는 우려로 전망대 운영을 멈추었기 때문입니다. 빼앗긴 남산의 전망은 1980년이 되어서야 시민들에게 허락되었습니다.

자, 다 함께 남산서울타워에 올라볼까요. 남산서울타워를 소개할 때마다 빠지지 않는 360도 파노라마 뷰의 서울 풍경은 단연 압도적입니다. 전망대를 둥글게 돌다 보니 앞서 함께 걸어본 장소들이 눈에 들어오네요.

참새는 방앗간을 그냥 지나치지 못하는 법이지요. 전망대에 있는 기념품 가게에 들렀습니다. 남산타워를 닮은 앙증맞은 소품들이 눈길을 사로잡네요. 그중 유독 눈이 가는 건 타임캡슐입니다. 이곳에서 타임캡슐을 구매하면 최대 2년간 남산서울타워 전망대에 보관해준다고 하는데, 2년 뒤 우린 어떤 모습으로 이곳에 다시 오게 될지 궁금해졌습니다. 궁금한 마음에 사연을 적어 타임캡슐에 맡겨두었죠. 온갖 기억이 모이는 남산에 담길 서울의 내일은 과연 어떤 모습일까요.

주소	서울시 용산구 남산공원길 105
찾아가기	지하철 3·4호선 충무로역 2번 출구에서 '충무로역2번출구·대한극장앞' 정류장까지 도보 1분. 01A번 버스 승차 후 '남산예장버스환승주차장' 정류장에서 하차, 약 15분
운영 시간	10:30~22:30
휴무일	연중무휴
입장료	전망대 만 13세 이상 2만 1000원, 만 4~12세·만 65세 이상 1만 6500원, 타임캡슐 1만 2000원
홈페이지	www.seoultower.co.kr
인스타그램	@namsanseoultower

당일치기 조선여행

초판 1쇄 발행 2024년 4월 5일
초판 4쇄 발행 2024년 11월 11일

지은이 트래블레이블 이용규, 김혜정, 장보미, 최윤정
감수 이도남 | **사진** 임현철
기획·편집 신미경 | **교정교열** 박성숙
디자인 어나더페이퍼 | **지도 일러스트** 이예연, 류채은
서점 마케팅 블랙타이거 | **온라인 마케팅** 옥순이
인쇄 미래피앤피 | **용지** 월드페이퍼

펴낸이 신미경
펴낸곳 노트앤노트
등록 2022년 2월 14일 제2022-000052호
주소 서울시 마포구 양화로 8길 17-28 270호
이메일 admin@noteandknot.com
인스타그램 @noteandknot
팟빵 노트앤노트앤모어

ISBN 979-11-978804-5-2 03980